注册消防工程师资格考试真题解析

消防安全案例分析真题解析
(2016~2019)

本书编委会 编著

中国建筑工业出版社

图书在版编目（CIP）数据

消防安全案例分析真题解析：2016～2019/《消防安全案例分析真题解析：2016～2019》编委会编著．—北京：中国建筑工业出版社，2020.6
注册消防工程师资格考试真题解析
ISBN 978-7-112-25109-4

Ⅰ.①消⋯　Ⅱ.①消⋯　Ⅲ.①消防-安全技术-案例-资格考试-题解　Ⅳ.①TU998.1-44

中国版本图书馆CIP数据核字（2020）第077039号

全国一级注册消防工程师资格考试至今已经第六个年头。为帮助广大考生顺利通过考试，本套丛书汇总了《消防安全技术实务》《消防安全技术综合能力》和《消防安全案例分析》三个科目的历年真题，详细分析了每道题的参考答案、答题依据及解题思路，并适当拓展相关知识，有助于考生全面了解考点，真正做到举一反三，在应试中灵活运用相关知识，从而取得好的成绩。

本丛书适合参加注册消防工程师考试的考生自学，也可供培训机构用作培训教材。

责任编辑：赵梦梅　刘婷婷
责任校对：张惠雯

注册消防工程师资格考试真题解析
消防安全案例分析真题解析（2016～2019）
本书编委会　编著
*
中国建筑工业出版社出版、发行（北京海淀三里河路9号）
各地新华书店、建筑书店经销
北京鸿文瀚海文化传媒有限公司制版
北京圣夫亚美印刷有限公司印刷
*

开本：787×1092毫米　1/16　印张：9½　字数：228千字
2020年7月第一版　2020年7月第一次印刷
定价：29.00元
ISBN 978-7-112-25109-4
（35889）

版权所有　翻印必究
如有印装质量问题，可寄本社退换
（邮政编码100037）

前　言

自 2015 年一级注册消防工程师资格考试首次开考以来，已成为社会关注的热点，吸引了众多考生报名参加，报考人数逐年递增。由于该资格考试涉及消防行业的方方面面，专业性强，如果没有相关从业经历，很难在短时间内将相关的知识点融会贯通，并在考试中取得理想成绩。为了帮助广大考生准确掌握近 4 年的考试重点、难点以及出题思路，《注册消防工程师资格考试真题解析》丛书应运而生。

《注册消防工程师资格考试真题解析》丛书与注册消防工程师资格考试科目一致，共分为三本，即《消防安全技术实务真题解析（2016～2019）》、《消防安全技术综合能力真题解析（2016～2019）》以及《消防安全案例分析真题解析（2016～2019）》。本套丛书将历年真题汇总成册，并逐题给出参考答案、命题思路和解题分析。解题分析的依据多出自现行国家标准的相关规定，部分解题分析中将与答案直接相关的内容用粗体字标出，避免考生为寻找答案依据而翻阅各项标准的烦琐。解析中所列其他相关标准条文的内容，则可作为考生的拓展学习资料，便于考生全面了解与考题相关的考点，真正做到举一反三，在应试中灵活运用相关知识。

考生在使用本套丛书过程中，需要注意以下几点：

1. 关于解题分析中的参考教材。

不管是技术实务、综合能力还是案例分析，都会涉及火灾和爆炸的一些基础知识，如某些液体的闪点、气体的爆炸上（下）限等，这些内容通常不会出现在相关的标准中，主要来自各类辅导教材。目前市面上辅导教材林林总总，存在很多版本。本套丛书依据的是由中国消防协会组织编写的最新版官方教材，但考虑到该教材自出版以来进行了多次改版，不同年份报名考生可能采用的是不同版本的教材，因此，本套丛书未给出各知识点在教材中的具体页码，只给出相应的篇、章、节号。纵观历次版本教材，基础知识相关内容相对稳定，在教材中的编排顺序也大体一致，所以考生可依据给出的章节位置，顺利查询相关内容。

2. 关于标准依据。

自 2016 年以来，多本工程建设消防技术标准进行了修订，部分修订内容会对标准答案产生较大影响。因此，本套丛书在研判答案的正确性时，仍然依据了考试当年版本的消防技术标准。如果因标准修订导致考题正确答案的更改，本丛书在解题分析中也给出了相应提示。

本套丛书的出版，离不开本书编委会各位成员的共同努力以及中国建筑工业出版社编辑赵梦梅和刘婷婷的严格审校和把关，感谢她们对编委会的信任和支持。

本书编委会

2020 年 4 月

目 录

2019 年一级注册消防工程师《消防安全案例分析》真题及答案 ……… 1

 第一题 …………………………………………………………………… 3
 第二题 …………………………………………………………………… 11
 第三题 …………………………………………………………………… 18
 第四题 …………………………………………………………………… 22
 第五题 …………………………………………………………………… 30
 第六题 …………………………………………………………………… 34

2018 年一级注册消防工程师《消防安全案例分析》真题及答案 ……… 39

 第一题 …………………………………………………………………… 41
 第二题 …………………………………………………………………… 47
 第三题 …………………………………………………………………… 53
 第四题 …………………………………………………………………… 57
 第五题 …………………………………………………………………… 63
 第六题 …………………………………………………………………… 67

2017 年一级注册消防工程师《消防安全案例分析》真题及答案 ……… 75

 第一题 …………………………………………………………………… 77
 第二题 …………………………………………………………………… 81
 第三题 …………………………………………………………………… 87
 第四题 …………………………………………………………………… 91
 第五题 …………………………………………………………………… 94
 第六题 …………………………………………………………………… 98

2016 年一级注册消防工程师《消防安全案例分析》真题及答案 ……… 105

 第一题 …………………………………………………………………… 107

第二题 ··· 113

　　第三题 ··· 117

　　第四题 ··· 120

　　第五题 ··· 125

　　第六题 ··· 128

附录 ··· 133

　　附录A　一级注册消防工程师资格考试考生须知 ············· 135

　　附录B　一级注册消防工程师考试大纲 ····························· 137

2019 年
一级注册消防工程师《消防安全案例分析》真题及答案

第一题

甲公司（某仓储物流园区的产权单位，法定代表人：赵某）将1号、2号、3号、4号、5号仓库出租给乙公司（法定代表人：钱某），乙公司在仓库内存放桶装润滑油和溶剂油，甲公司委托丙公司（消防技术服务机构，法定代表人：孙某）对上述仓库的建筑消防设施进行维护和检测。

2019年4月8日，消防救援机构工作人员李某和王某对乙公司使用的仓库进行消防设施检查时发现：

1. 室内消火栓的主、备泵均损坏；
2. 火灾自动报警系统联动控制器设置在手动状态，自动喷水灭火系统消防水泵控制柜启动开关也设置在手动控制状态；
3. 消防控制室部分值班人员无证上岗；
4. 仓储场所电气线路、电气设备无定期检查、检测记录，且存在长时间超负荷运行、线路绝缘老化现象；
5. 5号仓库的东侧和北侧两处疏散出口被大量堆积的纸箱和包装物封堵；
6. 两处防火卷帘损坏。

消防救援机构工作人员随即下发法律文书责令共改正，需限期改正的限期至4月28日，并依法实施了行政处罚。4月29日复查时，发现除上述第5、6项已改正外，第1、2、3、4项问题仍然存在；同时发现在限期整改间，甲、乙公司内部防火检查、巡查记录和丙公司出具的消防设施年度检测报告、维保检查记录、巡查记录中，所有项目填报为合格，李某和王某根据上述情况又下发相关法律文书，进入后续执法程序。

4月30日17时29分，乙公司消防控制室当值人员郑某和周某听到报警信号，显示5仓库1区的感烟探测器报警，消防控制室当值人员郑某和周某听到报警后未做任何处置。职工吴某听到火灾警铃，发现仓库冒烟，立即拨打119电话报警。当地消防出警后于当日23时50分将火灭。该起火灾造成3人死亡，直接经济损失约10944万元人民币。

事故调查组综合分析认定：5号仓库西墙上方的电器线路发生故障，产生的高温电弧引燃线路绝缘材料，燃烧的绝缘材料掉落并引燃下发存放的润滑油纸箱和沙砾料塑料膜包装物，随后蔓延成灾。

根据以上材料，回答下列问题（共18分，每题2分。每题的备选项中，有2个或2个以上符合题意，至少有一个错项。错选，本题不得分；少选，所选的每个选项0.5分。）

【题1】根据《中华人民共和国消防法》，甲公司应履行的消防安全职责有（　　）。

A. 在库房投入使用前，应当向所在地的消防救援机构申请消防安全检查
B. 落实消防安全责任制，根据仓储物流园区使用性质制定消防安全制度
C. 按国家标准、行业标准和地方标准配置消防设施和器材
D. 对建筑消防设施每年至少进行一次全面检测，确保完好有效
E. 组织防火检查，及时消除火灾隐患

【参考答案】BDE

2019年一级注册消防工程师《消防安全案例分析》真题及答案

【命题思路】

本题主要考查《中华人民共和国消防法》等相关法律、法规和部门规定的内容，需要从题干背景材料中找出单位应履行的相关职责。

【解题分析】

参考《中华人民共和国消防法》：

第十五条　公众聚集场所在投入使用、营业前，建设单位或者使用单位应当向场所所在地的县级以上地方人民政府消防救援机构申请消防安全检查。

根据该条规定，选项A中的库房不属于公众聚焦场所，故选项A错误。

第十六条　机关、团体、企业、事业等单位应当履行下列消防安全职责：

（一）落实消防安全责任制，制定本单位的消防安全制度、消防安全操作规程，制定灭火和应急疏散预案；

（二）按照国家标准、行业标准配置消防设施、器材，设置消防安全标志，并定期组织检验、维修，确保完好有效；

（三）对建筑消防设施每年至少进行一次全面检测，确保完好有效，检测记录应当完整准确，存档备查；

（四）保障疏散通道、安全出口、消防车通道畅通，保证防火防烟分区、防火间距符合消防技术标准；

（五）组织防火检查，及时消除火灾隐患；

（六）组织进行有针对性的消防演练；

（七）法律、法规规定的其他消防安全职责。单位的主要负责人是本单位的消防安全责任人。

根据该条规定，选项B正确、选项D正确、选项E正确。选项C错误，依据标准不包括地方标准。

【题2】 根据《机关、团体、企业、事业单位消防安全管理规定》（公安部令第61号），乙公司法定代表人田某应履行的消防安全职责有（　　）。

A. 掌握本公司的消防安全情况，保障消防安全符合规定
B. 将消防工作与本公司的仓储管理等活动统筹安排，批准实施年度消防工作计划
C. 组织制定消防安全制度和保障消防安全的操作规程，并检查督促其落实
D. 组织制定符合本公司实际的灭火和应急疏散预案并实施演练
E. 组织实施对本公司消防设施灭火器材和消防安全标志的维护保养，确保完好有效

【参考答案】 ABD

【命题思路】

本题考查消防安全管理相关的法律法规，需要根据《机关、团体、企业、事业单位消防安全管理规定》（公关部令第61号）的要求，确定相关人员的正确职责。

【解题分析】

参考《机关、团体、企业、事业单位消防安全管理规定》（公安部令第61号）：

第六条　单位的消防安全责任人应当履行下列消防安全职责：

（一）贯彻执行消防法规，保障单位消防安全符合规定，**掌握本单位的消防安全情况**；

（二）将消防工作与本单位的生产、科研、经营、管理等活动统筹安排，**批准实施年**

度消防工作计划；

　　（三）为本单位的消防安全提供必要的经费和组织保障；

　　（四）确定逐级消防安全责任，**批准实施消防安全制度和保障消防安全的操作规程**；

　　（五）组织防火检查，督促落实火灾隐患整改，及时处理涉及消防安全的重大问题；

　　（六）根据消防法规的规定建立专职消防队、义务消防队；

　　（七）**组织制定符合本单位实际的灭火和应急疏散预案，并实施演练。**

　　根据以上规定，选项A正确、选项B正确、选项D正确。选项C错误，是批准实施，不是组织制定。

【题3】根据《机关、团体、企业、事业单位消防安全管理规定》（公安部令第61号），关于甲公司和乙公司消防安全责任划分的说法，正确的有（　　）。

　　A. 甲公司应提供给乙公司符合消防安全要求的建筑物
　　B. 甲公司和乙公司在订立的合同中依照有关规定明确各方的消防安全责任
　　C. 乙公司在其使用、管理范围内履行消防安全职责
　　D. 园区公共消防车通道应当由乙公司或者乙公司委托管理的单位统一管理
　　E. 涉及园区公共消防安全的疏散设施和其他建筑消防设施应当由乙公司或者乙公司委托管理的单位统一管理

【参考答案】ABC

【命题思路】

　　本题考查消防安全管理相关的法律法规，需要根据《机关、团体、企业、事业单位消防安全管理规定》（公关部令第61号）的要求，确定不同单位的正确职责。

【解题分析】

　　参考《机关、团体、企业、事业单位消防安全管理规定》（公安部令第61号）：

　　第八条　实行承包、租赁或者委托经营、管理时，**产权单位应当提供符合消防安全要求的建筑物，当事人在订立的合同中依照有关规定明确各方的消防安全责任**；消防车通道、涉及公共消防安全的疏散设施和其他建筑消防设施应当由产权单位或者委托管理的单位统一管理。承包、承租或者受委托经营、管理的单位应当遵守本规定，**在其使用、管理范围内履行消防安全职责。**

　　第九条　对于有两个以上产权单位和使用单位的建筑物，各产权单位、使用单位对消防车通道、涉及公共消防安全的疏散设施和其他建筑消防设施应当明确管理责任，可以委托统一管理。

　　根据上述规定，选项D、E不是完全应由乙公司管理，说法不准确。

【题4】关于甲、乙公司消防工作的说法，正确的有（　　）。

　　A. 赵某是甲公司的消防安全责任人
　　B. 钱某应为甲公司的消防安全提供必要的经费和组织保障
　　C. 乙公司应当设置或确定本公司消防工作的归口管理职能部门
　　D. 钱某是乙公司的消防安全管理人
　　E. 甲、乙公司应根据需要，建立志愿消防队等消防组织

【参考答案】ACE

【命题思路】

本题考查消防安全重点单位的相关要求，需要根据《中华人民共和国消防法》和《机关、团体、企业、事业单位消防安全管理规定》（公关部令第 61 号）的要求，确定相关正确的消防安全管理措施。

【解题分析】

参考《机关、团体、企业、事业单位消防安全管理规定》（公安部令第 61 号）：

第十五条　消防安全重点单位应当设置或者确定消防工作的归口管理职能部门，并确定专职或者兼职的消防管理人员；其他单位应当确定专职或者兼职消防管理人员，可以确定消防工作的归口管理职能部门。归口管理职能部门和专兼职消防管理人员在消防安全责任人或者消防安全管理人的领导下开展消防安全管理工作。

根据该条规定，选项 C 正确。因为他经营易燃易爆品，是重点消防单位。

第十六条　机关、团体、企业、事业等单位应当履行下列消防安全职责：

（一）落实消防安全责任制，制定本单位的消防安全制度、消防安全操作规程，制定灭火和应急疏散预案；

（二）按照国家标准、行业标准配置消防设施、器材，设置消防安全标志，并定期组织检验、维修，确保完好有效；

（三）对建筑消防设施每年至少进行一次全面检测，确保完好有效，检测记录应当完整准确，存档备查；

（四）保障疏散通道、安全出口、消防车通道畅通，保证防火防烟分区、防火间距符合消防技术标准；

（五）组织防火检查，及时消除火灾隐患；

（六）组织进行有针对性的消防演练；

（七）法律、法规规定的其他消防安全职责。**单位的主要负责人是本单位的消防安全责任人。**

根据该条规定，选项 A 正确。

第二十三条　单位应当根据消防法规的有关规定，**建立专职消防队、义务消防队**，配备相应的消防装备、器材，并组织开展消防业务学习和灭火技能训练，提高预防和扑救火灾的能力。

第四十一条　机关、团体、企业、事业等单位以及村民委员会、居民委员会根据需要，**建立志愿消防队**等多种形式的消防组织，开展群众性自防自救工作。

根据以上规定，选项 E 正确。

【题5】乙公司下列应急预案编制与消防演练的做法正确有（　　）。

A. 乙公司灭火和应急疏散预案中的组织机构划分为灭火行动组、疏散引导组、安全防护救护组和通讯联络组

B. 在消防演练前，钱某事先告知演练范围内的仓库保管人员和装卸工人

C. 灭火疏散演练时，吴某在乙公司大门及各仓库门口设置了明显标识

D. 在报警和接警处置程序中规定，若本公司志愿消防队有能力控制初期火灾，员工不得随意向当地消防部门报警

E. 乙公司按照灭火和应急疏散预案，每年进行一次演练

【参考答案】ABC

【命题思路】

本题考查消防安全重点单位的相关要求，需要根据《中华人民共和国消防法》和《机关、团体、企业、事业单位消防安全管理规定》（公关部令第 61 号）的要求，确定相关正确的消防安全管理措施。

【解题分析】

参考《机关、团体、企业、事业单位消防安全管理规定》（公安部令第 61 号）：

第三十九条 消防安全重点单位制定的灭火和应急疏散预案应当包括下列内容：

（一）组织机构，包括：**灭火行动组、通讯联络组、疏散引导组、安全防护救护组**；

（二）报警和接警处置程序；

（三）应急疏散的组织程序和措施；

（四）扑救初起火灾的程序和措施；

（五）通讯联络、安全防护救护的程序和措施。

第四十条 消防安全重点单位应当按照灭火和应急疏散预案，**至少每半年进行一次演练**，并结合实际，不断完善预案。其他单位应当结合本单位实际，参照制定相应的应急方案，至少每年组织一次演练。**消防演练时，应当设置明显标识并事先告知演练范围内的人员。**

根据以上规定，选项 A、B、C 正确。选项 E 不正确。

【题6】为加强该仓储物流园区消防控制室的管理和火警处置能力，针对消防救援机构工作人员提出的问题，下列整改措施中，正确的有（　　）。

A. 甲公司明确建筑消防设施及消防控制室的维护管理归口部门、管理人员及其工作人员职责，确保建筑消防设施正常运行

B. 各单位消防控制室实行每日 24h 专人值班制度，每班人员不少于 2 人，值班人员持有消防控制室操作职业资格证书

C. 正常工作状态下，将火灾自动报警系统设置在自动状态

D. 值班时发现消防设施故障，应及时组织修复，若需要停用消防系统，应有确保消防安全的有效措施，并经单位消防安全责任人批准

E. 消防控制室值班人员接到报警信息后，应立即启动消音复位功能，并以最快方式进行确认

【参考答案】ABCD

【命题思路】

本题考查消防安全重点单位的相关要求，需要根据《机关、团体、企业、事业单位消防安全管理规定》（公关部令第 61 号）、《消防控制室通用技术要求》GB 25506—2010 以及《建筑消防设施的维护管理》GB 25201—2010 的相关要求，确定相关正确的消防安全管理措施和应急程序。

【解题分析】

参考《建筑消防设施的维护管理》GB25201—2010：

4.2 建筑物的产权单位或受其委托管理建筑消防设施的单位，应**明确建筑消防设施的维护管理归口部门、管理人员及其工作职责**，建立建筑消防设施值班、巡查、检测、维修、保养、建档等制度，**确保建筑消防设施正常运行。**

4.6 不应擅自关停消防设施。值班、巡查、检测时发现故障，应及时组织修复。因故障维修等原因需要暂时停用消防系统的，应有确保消防安全的有效措施，并经单位消防安全责任人批准。

5.2 消防控制室值班时间和人员应符合以下要求：

a）实行每日24h值班制度，值班人员应通过消防行业特有工种职业技能鉴定，持有初级技能以上等级的职业资格证书。

b）每班工作时间应不大于8h，每班人员应不少于2人，值班人员对火灾报警控制器进行日检查、接班、交班时，应填写《消防控制室值班记录表》（见表A.1）的相关内容。值班期间每2h记录一次消防控制室内消防设备的运行情况，及时记录消防控制室内消防设备的火警或故障情况。

c）正常工作状态下，不应将自动喷水灭火系统、防烟排烟系统和联动控制的防火卷帘等防火分隔设施设置在手动控制状态，其他消防设施及相关设备如设置在手动状态时，应有在火灾情况下迅速将手动控制转换为自动控制的可靠措施。

5.3 消防控制室值班人员接到报警信号后，应按下列程序进行处理：

a）接到火灾报警信息后，应以最快方式确认。

b）确认属于误报时，查找误报原因并填写《建筑消防设施故障维修记录表》（见表B.1）。

c）火灾确认后，立即将火灾报警联动控制开关转入自动状态（处于自动状态的除外），同时拨打"119"火警电话报警。

d）立即启动单位内部灭火和应急疏散预案，同时报告单位消防安全责任人，单位消防安全责任人接到报告后应立即赶赴现场。

根据以上规定，选项A、B、C、D正确。选项E中以最快方式确认的处理是正确的，但立即启动消音复位功能的说法不正确。

【题7】根据《中华人民共和国消防法》和《社会消防技术服务管理规定》（公安部令第136号），对丙公司应追究的法律责任有（　　）。

A. 责令改正，处一万元以上二万元以下罚款，并对直接负责的主管人员和其他直接责任人员处一千元以上五千元以下罚款

B. 责令改正，处二万元以上三万元以下罚款，并对直接负责的主管人员和其他直接责任人员处一千元以上五千元以下罚款

C. 责令改正，处五万元以上十万元以下罚款，并对直接负责的主管人员和其他直接责任人员处一万元以上五万元以下罚款

D. 情节严重的，由原许可机关依法责令停止执业或者吊销相应资质

E. 构成犯罪的依法追究刑事责任

【参考答案】CDE

【命题思路】

本题考查《中华人民共和国消防法》和《社会消防技术服务管理规定》中规定的相应人员和单位的法律责任，需要熟悉上述法律法规内的违法责任等内容。

【解题分析】

参考《中华人民共和国消防法》：

第六十九条 消防产品质量认证、消防设施检测等消防技术服务机构出具虚假文件的，责令改正，**处五万元以上十万元以下罚款，并对直接负责的主管人员和其他直接责任人员处一万元以上五万元以下罚款**；有违法所得的，并处没收违法所得；给他人造成损失的，依法承担赔偿责任；**情节严重的，由原许可机关依法责令停止执业或者吊销相应资质、资格**。前款规定的机构出具失实文件，给他人造成损失的，依法承担赔偿责任；造成重大损失的，由原许可机关依法责令停止执业或者吊销相应资质、资格。

参考《社会消防技术服务管理规定》：

第五十一条 消防技术服务机构有违反本规定的行为，给他人造成损失的，依法承担赔偿责任；经维修、保养的建筑消防设施不能正常运行，发生火灾时未发挥应有作用，导致伤亡、损失扩大的，从重处罚；**构成犯罪的，依法追究刑事责任**。

根据以上规定，选 C、D 和 E。

【题8】对该起大火有职责，涉嫌犯事，应采取相应刑事强制措施的人员有（　　）。

　　A. 甲公司赵某　　　　　　B. 乙公司钱某
　　C. 丙公司孙某　　　　　　D. 消防救援机构李某和王某
　　E. 乙公司周某和郑某

【参考答案】ABE

【命题思路】

本题考查《中华人民共和国刑法》中关于重大责任事故罪和消防责任事故罪的相关要求和《机关、团体、企业、事业单位消防安全管理规定》（公关部令第61号）的要求，确定相关正确的消防安全管理措施。

【解题分析】

参考《中华人民共和国刑法》：

第一百三十四条 重大责任事故罪

在生产、作业中违反有关安全管理的规定，因而发生重大伤亡事故或者造成其他严重后果的，处三年以下有期徒刑或者拘役；情节特别恶劣的，处三年以上七年以下有期徒刑。强令他人违章冒险作业，因而发生重大伤亡事故或者造成其他严重后果的，处五年以下有期徒刑或者拘役；情节特别恶劣的，处五年以上有期徒刑。

第一百三十九条 消防责任事故罪

违反消防管理法规，经消防监督机构通知采取改正措施而拒绝执行，造成严重后果的，对直接责任人员，处三年以下有期徒刑或者拘役；后果特别严重的，处三年以上七年以下有期徒刑。

根据以上规定，选 A、B 和 E。

【题9】为认真吸取该起火灾事故教训，甲公司要求园区内各单位认真进行防火检查、巡查及火灾隐患整改工作。下列具体整改措施中，正确的有（　　）。

　　A. 各单位每季度组织一次防火检查，及时消除火灾隐患
　　B. 将各类重点部位人员的在岗情况全部纳入防火巡查内容，确保万无一失
　　C. 对园区内建筑消防设施每半年进行一次检测
　　D. 对园区内仓储场所电气线路、电气设备定期检查、检测，更换绝缘老化的电气线路
　　E. 在火灾隐患未消除之前，各单位从严落实防范措施，保障消防安全

【参考答案】 BCDE

【命题思路】

根据《中华人民共和国消防法》《机关、团体、企业、事业单位消防安全管理规定》和《仓储场所消防安全管理通则》判断单位应进行的消除安全隐患的整改措施，需要熟悉上述法律法规内的内容。

【解题分析】

参考《机关、团体、企业、事业单位消防安全管理规定》（公安部令第61号）：

第二十五条　消防安全重点单位应当进行每日防火巡查，并确定巡查的人员、内容、部位和频次。其他单位可以根据需要组织防火巡查。巡查的内容应当包括：

（一）用火、用电有无违章情况；

（二）安全出口、疏散通道是否畅通，安全疏散指示标志、应急照明是否完好；

（三）消防设施、器材和消防安全标志是否在位、完整；

（四）常闭式防火门是否处于关闭状态，防火卷帘下是否堆放物品影响使用；

（五）消防安全重点部位的人员在岗情况；

（六）其他消防安全情况。

根据该条规定，选项B正确。

第二十六条　机关、团体、事业单位应当至少每季度进行一次防火检查，其他单位应当至少每月进行一次防火检查。该场所不属于机关、团体、事业单位，应该每月进行一次。

根据该条规定，选项A错误。

第三十二条　对不能当场改正的火灾隐患，消防工作归口管理职能部门或者专兼职消防管理人员应当根据本单位的管理分工，及时将存在的火灾隐患向单位的消防安全管理人或者消防安全责任人报告，提出整改方案。消防安全管理人或者消防安全责任人应当确定整改的措施、期限以及负责整改的部门、人员，并落实整改资金。

在火灾隐患未消除之前，单位应当落实防范措施，保障消防安全。 不能确保消防安全，随时可能引发火灾或者一旦发生火灾将严重危及人身安全的，应当将危险部位停产停业整改。

根据该条规定，选项E正确。

参考《中华人民共和国消防法》：

第十六条　机关、团体、企业、事业等单位应当履行下列消防安全职责：

（一）落实消防安全责任制，制定本单位的消防安全制度、消防安全操作规程，制定灭火和应急疏散预案；

（二）按照国家标准、行业标准配置消防设施、器材，设置消防安全标志，并定期组织检验、维修，确保完好有效；

（三）对建筑消防设施每年至少进行一次全面检测，确保完好有效，检测记录应当完整准确，存档备查；

根据该条规定，选项C正确。

参考《仓库场所消防安全管理通则》GA 1131—2014：

8.10　仓储场所的**电气线路、电气设备应定期检查、检测，禁止长时间超负荷运行。**

根据该条规定，选项D正确。

综合以上规定，选 B、C、D 和 E。

第二题

华南滨海城市某占地面积 $10hm^2$ 的工厂，从北向南依次布置 10 栋建筑，均为钢筋混凝土结构，一级耐火等级。各建筑及其水灭火系统的工程设计参数见表1。

建筑参数　　　　　　　　　　　　　　　　　　　　　　　表 1

建筑序号	建筑使用性质	层数	每座建筑总面积（万·m²）	建筑高度（m）	室外消火栓设计流量(L/s)	室内消火栓设计流量(L/s)	自动喷水设计流量(L/s)
①②	服装车间	2	2	15	40	20	28
③④	服装车间	4	2.4	30	40	30	28
⑤	布料仓库（堆垛高度6m）	1	0.9	9	45	25	70
⑥	成品仓库（多排货架4.5m）	1	0.6	9	45	25	78
⑦	办公楼	3	1.2	12.6	40	10	14
⑧	宿舍	2	0.9	6	35	10	14
⑨	餐厅	2	0.5	8	25	10	14
⑩	车库	3	1.4	12	20	10	28

厂区南侧和北侧各有一条 DN300 的市政给水干管，供水压力为 0.25MPa，直接供给室外消火栓和生产生活用水。生产生活用水最大设计流量 25L/s，火灾时可以忽略生产生活用水量。

厂区采用临时高压合用室内消防给水系统，高位消防水箱设置在③车间屋顶，最低有效水位高于自动喷水灭火系统最不利点喷头 8m。该合用系统设一座消防水池和消防水泵房，室内消火栓系统和自动喷水灭火系统合用消防水泵，三用一备。消防水泵的设计扬程为 0.85MPa，零流量时压力为 0.93MPa。消防水泵房设置稳压泵，设计流量为 4L/s，启泵压力为 0.98MPa，停泵压力为 1.05MPa；消防水泵控制柜有机械应急启动功能。屋顶消防水箱出水管流量开关的原设计动作 4L/s。每座建筑内设置独立的湿式报警阀，其中③④号车间每层控制本层的湿式报警阀。

调试和试运行时，测得临时高压消防给水系统漏水量为 1.8L/s；为检验屋顶消防水箱出水管流量开关的动作可靠性，在④号车间的一层打开自动喷水灭火系统末端试水阀，消防水系统能自动启动；在四层打开末端试水阀，消防水泵无法自动启动；在一、四层分别打开1个消火栓时，消防水泵均能自动启泵。

根据以上材料，回答下列问题（共 18 分，每题 2 分。每题的备选项中，有 2 个或 2 个以上符合题意，至少有一个错项。错选，本题不得分；少选，所选的每个选项 0.5 分）

2019年一级注册消防工程师《消防安全案例分析》真题及答案

【题1】该工厂消防给水系统的下列设计参数中，正确的有（　　）。
  A. 该厂区室外低压消防给水系统设计流量为45L/s
  B. 该厂区室内临时高压消防给水系统设计流量为103L/s
  C. ⑦办公楼室内消防给水设计流量为24L/s
  D. ⑤仓库的室内消防给水设计流量为128L/s
  E. ⑩♯汽车库室内消防给水系统设计流量为38L/s

【参考答案】ABCE
【命题思路】
  本题主要考查《消防给水及消火栓系统技术规范》GB 50974—2014 室内外消防火栓系统的设计流量。
【解题分析】
  参考《消防给水及消火栓系统技术规范》GB50974—2014：
  3.1.1 工厂、仓库、堆场、储罐区或民用建筑的室外消防用水量，应按同一时间内的火灾起数和一起火灾灭火所需室外消防用水量确定。
  3.1.2 一起火灾灭火所需消防用水的设计流量应由建筑的室外消火栓系统、室内消火栓系统、自动喷水灭火系统、泡沫灭火系统、水喷雾灭火系统、固定消防炮灭火系统、固定冷却水系统等需要同时作用的各种水灭火系统的设计流量组成，并应符合下列规定：
  1 应按需要同时作用的各种水灭火系统最大设计流量之和确定；
  2 两座及以上建筑合用消防给水系统时，应按其中一座设计流量最大者确定；
  3 当消防给水与生活、生产给水合用时，合用系统的给水设计流量应为消防给水设计流量与生活、生产用水最大小时流量之和。
  根据以上规定，选项A正确，建筑⑤和建筑⑥的室外低压消防给水系统设计流量最大为45L/s；选项B正确，建筑⑥的室内临时高压消防给水系统设计流量最大，25＋78＝103L/s；选项C正确，⑦办公楼室内消防给水设计流量为10＋14＝24L/s；选项E正确，建筑⑩汽车库室内消防给水系统设计流量为10＋28＝38L/s。
  选项D错误，建筑⑤仓库的室内消防给水设计流量为25＋70＝95L/s。

【题2】该工厂下列室外低压消防栓水管管道径的选取中，消防安全可靠的要求（　　）。
  A. DN 100　　　　　　B. DN 200
  C. DN 250　　　　　　D. DN 350
  E. DN 400

【参考答案】BC
【命题思路】
  本题主要考查《消防给水及消火栓系统技术规范》GB 50974—2014 消防给水管网管径、流速及流量的相关知识，需要有简单的分析、判断和计算能力。
【解题分析】
  参考《消防给水及消火栓系统技术规范》GB 50974—2014：
  8.1.3 向室外、室内环状消防给水管网供水的输水干管不应少于两条，当其中一条发生故障时，其余的输水干管应仍能满足消防给水设计流量。
  8.1.4 室外消防给水管网应符合下列规定：

1 室外消防给水采用两路消防供水时应采用环状管网，但当采用一路消防供水时可采用枝状管网；

2 管道的直径应根据流量、流速和压力要求经计算确定，但不应小于DN100。

8.1.8 消防给水管道的设计流速不宜大于2.5m/s，自动水灭火系统管道设计流速，应符合现行国家标准《自动喷水灭火系统设计规范》GB 50084、《泡沫灭火系统设计规范》GB 50151、《水喷雾灭火系统设计规范》GB 50219和《固定消防炮灭火系统设计规范》GB 50338的有关规定，但任何消防管道的给水流速不应大于7m/s。

首先从合理性上考虑，连接DN300市政管网的管道不宜超过DN300，因此可以排除D、E选项。

根据题干表格提供的设计参数，该建筑群室外消火栓的最大设计流量为45L/s，按最大流速2.5m/s，计算出最小管道截面积＝流量/流速＝45/2.5＝18000mm^2，对应的最小管径约为150mm；市政管网管径为300m，室外栓管径不宜超过300mm。因此，满足安全可靠、经济适用要求的管径为150～300mm。选B和C。

【题3】该工厂临时高压消防给水系统可选用的安全可靠的启泵方案有（　　）。

A. 第一台启泵压力为0.93MPa、第二台启泵压力为0.88MPa、第三台启泵压力为0.86MPa

B. 第一台启泵压力为0.93MPa、第二台启泵压力为0.92MPa、第三台启泵压力为0.80MPa

C. 三台消防水泵启泵压力均为0.80MPa，消防水泵设低流量保护功能

D. 第一台启泵压力为0.93MPa、第二台启泵压力为0.83MPa、第三台启泵压力为0.73MPa

E. 三台消防水泵启泵压力均为0.93MPa，消防水泵设低流量保护功能

【参考答案】AE

【命题思路】

本题主要考查《消防给水及消火栓系统技术规范》GB 50974—2014关于稳压泵设计的相关知识点。

【解题分析】

参考《消防给水及消火栓系统技术规范》GB 50974—2014：

5.3.3 稳压泵的设计压力应符合下列要求：

1 稳压泵的设计压力应满足系统自动启动和管网充满水的要求；

2 稳压泵的设计压力应保持系统自动启泵压力设置点处的压力在准工作状态时大于系统设置自动启泵压力值，且增加值宜为0.07～0.10MPa；

3 稳压泵的设计压力应保持系统最不利点处水灭火设施在准工作状态时的静水压力应大于0.15MPa。

安全可靠的启泵方案应保证消防水泵早启动。消防水泵启泵一般有两种方式：一种是三台消防水泵在不同压力分别启动，另一种是三台水泵同时启动。

对于第一种方案，稳压泵的启泵压力为0.98MPa，则消防水泵的启泵压力设定值为0.98－(0.07～0.10)＝0.88～0.91MPa之间，三台消防水泵启动压力值在稳压泵设置消防水泵启泵值之上和之下各取一个数值，即选项A正确，选项B、选项D错误。

对于第二种方案，三台水泵同时启动，要考虑对水泵的保护，选择在稳压泵设置消防水泵启动压力值以上，选项 E 正确，选项 C 错误。

【题 4】关于该工厂不同消防对象一次火灾消防用水量的说法，正确的有（　　）。
  A. 该工厂一次火灾消防用水量为 1317.6m³
  B. 该工厂一次火灾室内消防用水量为 831.6m³
  C. ⑦办公楼一次火灾室外消防用水量为 288m³
  D. ①车间一次火灾自动喷水消防用水量为 201.6m³
  E. ③宿舍楼一次火灾室内消火栓消防用水量为 72m³

【参考答案】ABCE

【命题思路】
  本题需要考生熟练掌握《消防给水及消火栓系统技术规范》GB50974—2014 和《自动喷水灭火系统设计规范》GB 50084—2017 中有关各类系统的消防用水量计算，以及厂房和仓库的火灾危险等级分类判定、持续喷水时间等相关知识。

【解题分析】
  参考《消防给水及消火栓系统技术规范》GB50974—2014、《自动喷水灭火系统设计规范》GB50084—2017：
  根据《自动喷水灭火系统设计规范》第 5.0.4 条，给出不同火灾危险等级的仓库的持续喷水时间，多排货架的仓库危险级Ⅱ级成品仓库持续喷水时间为 2h。
  根据《消防给水及消火栓系统技术规范》3.6.1 条，消防给水一起火灾灭火用水量应按需要同时作用的室内外消防给水用水量之和计算，两座及以上建筑合用时，应取最大者。
  该厂区建筑群中，服装生产车间火灾延续时间为 3.0h；布料仓库和成品仓库火灾延续时间均为 3.0h；其他建筑均为 2.0h。
  成品仓库的用水量最大，为（45+25）×3×3.6+78×2×3.6=1317.6m³，A 正确。
  成品仓库的室内用水量最大，为 25×3×3.6+78×2×3.6=831.6m³，B 正确。
  办公楼的室外用水量为 40×2×3.6=288m³，C 正确。
  车间一次火灾自动喷水消防用水量为 28×1×3.6=100.8m³，D 错误。
  宿舍楼一次火灾室内消火栓消防用水量为 10×2×3.6=72m³，E 正确。

【题 5】该工厂下列建筑室内消火栓系统的消防水泵接合器设置数量中，正确的有（　　）。
  A. ①车间：0 个　　　　　　B. ②车间：0 个
  C. ③车间：1 个　　　　　　D. ④车间：3 个
  E. ⑦办公楼：1 个

【参考答案】DE

【命题思路】
  本题考查《消防给水及消火栓系统技术规范》GB50974—2014 中有关消防水泵接合器的设置要求，需要考生熟练掌握。

【解题分析】
  参考《消防给水及消火栓系统技术规范》GB50974—2014：
  5.4.1　下列场所的室内消火栓给水系统应设置消防水泵接合器：

1 高层民用建筑；

2 设有消防给水的住宅、超过五层的其他多层民用建筑；

3 超过2层或建筑面积大于10000m²的地下或半地下建筑（室）、室内消火栓设计流量大于10L/s平战结合的人防工程；

4 **高层工业建筑和超过四层的多层工业建筑；**

5 城市交通隧道。

5.4.2 **自动喷水灭火系统**、水喷雾灭火系统、泡沫灭火系统和固定消防炮灭火系统等水灭火系统，**均应设置消防水泵接合器。**

5.4.3 **消防水泵接合器的给水流量宜按每个10～15L/s计算。**每种水灭火系统的消防水泵接合器设置的数量应按系统设计流量经计算确定，但当计算数量超过3个时，可根据供水可靠性适当减少。

5.4.4 临时高压消防给水系统向多栋建筑供水时，消防水泵接合器应在每座建筑附近就近设置。

根据以上规定，结合题目中各选项所给的建筑规模、性质和层数，判断是否需要设置水泵结合器：

参考题干信息，多层工业建筑①②车间均为2层，建筑高度为15m，不超过4层，可不设置水泵接合器。但车间内均设置有自动喷水灭火系统，需要设置水泵结合器。因此，A选项和B选项均不正确。

③④车间建筑高度均为30m，属于高层工业建筑，按照上述要求，应设置水泵接合器。消防水泵接合器的给水流量宜按每个10～15L/s，室内消火栓设计流量30L/s，应设2～3个水泵接合器。因此，C选项错误，D选项正确。

⑦办公楼建筑高度为12.6m，层数3层，属于不超过五层的其他多层民用建筑，可不设水泵接合器。题干表明办公楼设有自动喷水灭火系统，设计流量为14L/s，因此该办公楼需要设置1个水泵接合器，E选项正确。

【题6】对该工厂临时高压消防给水系统流量开关进行动作流量测试，动作流量选取范围不适宜的有（　　）。

A. 大于系统漏水量，小于系统流量水量与1个消防栓的设计流量之和

B. 大于系统水量与1个喷头的设计流量之和

C. 大于系统漏水量，小于系统漏水量与1个喷头的最低设计流量之和

D. 大于系统漏水量，小于系统漏水量与1个消防栓的最低设计量之和

E. 小于系统漏水量与1个喷头的最低设计流量和1个消防栓的最低设计流量之和

【参考答案】ABDE

【命题思路】

本题考查《消防给水及消火栓系统技术规范》GB50974—2014中有关消防给水系统流量开关的设置要求，需要考生熟练掌握。

【解题分析】

参考《消防给水及消火栓系统技术规范》GB50974—2014：

5.3.2 稳压泵的设计流量应符合下列规定：

1 稳压泵的设计流量不应小于消防给水系统管网的正常泄漏量和系统自动启动流量；

2 消防给水系统管网的正常泄漏量应根据管道材质、接口形式等确定,当没有管网泄漏量数据时,稳压泵的设计流量宜按消防给水设计流量的1‰～3‰计,且不宜小于1L/s;

11.0.4 消防水泵应由消防水泵出水干管上设置的压力开关、高位消防水箱出水管上的流量开关,或报警阀压力开关等开关信号应能直接自动启动消防水泵。

流量开关设置流量应保证任意一只喷头或任意一只消火栓启动时,应直接启动消防水泵。

根据上述规定,选项A无法保证在最低设计流量消火栓启动时启动水泵,不正确。

选项B无法保证在一只喷头启动后启动消防水泵,不正确。

选项D在取上限时,开启一只喷头后,系统不会启动,不正确。

选项E同样无法保证任意一只喷头或消火栓启动时启动消防水泵,不正确。

【题7】该工厂消防水泵房的下列选址方案中经济合理的有（   ）。

A. 消防水泵房与⑤仓库贴邻建造　　B. 消防水泵房设置在①车间内
C. 消防水泵房设置在⑥仓库内　　　D. 消防水泵房设置在⑦办公楼地下室
E. 消防水泵房设置在⑩仓库

【参考答案】AC

【命题思路】

本题考查《消防给水及消火栓系统技术规范》GB50974—2014中多个建筑共用一套消防给水系统时,环状管网的设置要求。

【解题分析】

参考《消防给水及消火栓系统技术规范》GB50974—2014:

8.1.2 下列消防给水应采用环状给水管网:

1 向两栋或两座及以上建筑供水时;

2 向两种及以上水灭火系统供水时;

3 采用设有高位消防水箱的临时高压消防给水系统时;

4 向两个及以上报警阀控制的自动水灭火系统供水时。

按照题干中给出的信息,该系统布置时,消防水泵出水管与环状管网相连,每栋建筑在环网上有两条入户管接入。此外,处于经济合理考虑,消防水泵房应设置在消防用水量较大的建筑附近,管径大的主管道敷设距离较短。

因此,由于⑤⑥建筑在环网相对中心的位置,并且用水量最大,选择在这两座建筑周围布置还可节省水头损失,节省工程造价。

【题8】关于该工厂消防水泵启停的说法,正确的有（   ）。

A. 消防水泵应能自动启停和手动启动
B. 消火栓按钮不宜作为直接启动消防水泵的开关
C. 机械应急启动时,应确保消防水泵在报警后5.0min内正常工作
D. 当功率较大时,消防水泵宜采用有源器件启动
E. 消防控制室设置专用线路连接的手动直接启动消防泵按钮后,可以不设置机械应急泵功能

【参考答案】BC

【命题思路】

本题考查《消防给水及消火栓系统技术规范》中控制与操作的相关要求。

【解题分析】

参考《消防给水及消火栓系统技术规范》GB50974—2014：

11.0.2 消防水泵不应设置自动停泵的控制功能，停泵应由具有管理权限的工作人员根据火灾扑救情况确定。

11.0.19 消火栓按钮不宜作为直接启动消防水泵的开关，但可作为发出报警信号的开关或启动干式消火栓系统的快速启闭装置等。

11.0.14 火灾时消防水泵应工频运行，消防水泵应工频直接启泵；当功率较大时，宜采用星三角和自耦降压变压器启动，**不宜采用有源器件启动**。

11.0.12 消防水泵控制柜应设置机械应急启泵功能，并应保证在控制柜内的控制线路发生故障时由有管理权限的人员在紧急时启动消防水泵。**机械应急启动时，应确保消防水泵在报警 5.0min 内正常工作**。

根据以上规定，选 A、D 和 E 错误，选 B 和 C 正确。

【题9】该工厂下列建筑自动喷水灭火系统设置场所火灾危险等级的划分中，正确的有（ ）。

A. ⑦办公楼：中危险级 B. ③车间：中危险级
C. ⑤仓库：仓库危险级 D. ⑥仓库：仓库危险级
E. ⑩车库：中危险1级

【参考答案】BCD

【命题思路】

本题考查《自动喷水灭火系统设计规范》中各类危险等级分类，危险等级是自动喷水灭火系统设计中重要的参数之一，需要考生熟悉。

【解题分析】

参考《自动喷水灭火系统设计规范》GB50084—2017 附录 A 中关于不同场所火灾危险等级分类：

设置场所火灾危险等级分类   表 A

火灾危险等级		设置场所分类
轻危险级		住宅建筑、幼儿园、老年人建筑、建筑高度为24m及以下的旅馆、办公楼；仅在走道设置闭式系统的建筑等
中危险级	Ⅰ级	1)高层民用建筑：旅馆、办公楼、综合楼、邮政楼、金融电信楼、指挥调度楼、广播电视楼(塔)等； 2)公共建筑(含单、多高层)：医院、疗养院；图书馆(书库除外)、档案馆、展览馆(厅)；影剧院、音乐厅和礼堂(舞台除外)及其他娱乐场所；火车站、机场及码头的建筑；总建筑面积小于5000m²的商场、总建筑面积小于1000m²的地下商场等； 3)文化遗产建筑：木结构古建筑、国家文物保护单位等； 4)工业建筑：食品、家用电器、玻璃制品等工厂的备料与生产车间等；冷藏库、钢屋架等建筑构件
	Ⅱ级	1)民用建筑：书库、舞台(葡萄架除外)、汽车停车场(库)、总建筑面积5000m²及以上的商场、总建筑面积1000m²及以上的地下商场、净空高度不超过8m、物品高度不超过3.5m的超级市场等； 2)工业建筑：棉毛麻丝及化纤的纺织、织物及制品、木材木器及胶合板、谷物加工、烟草及制品、饮用酒(啤酒除外)、皮革及制品、造纸及纸制品、制药等工厂的备料与生产车间等

续表

火灾危险等级		设置场所分类
严重危险级	Ⅰ级	印刷厂、酒精制品、可燃液体制品等工厂的备料与车间、净空高度不超过8m、物品高度超过3.5m的超级市场等
	Ⅱ级	易燃液体喷雾操作区域、固体易燃物品、可燃的气溶胶制品、溶剂清洗、喷涂油漆、沥青制品等工厂的备料及生产车间、摄影棚、舞台葡萄架下部等
仓库危险级	Ⅰ级	食品、烟酒;木箱、纸箱包装的不燃、难燃物品等
	Ⅱ级	木材、纸、皮革、谷物及制品、棉毛麻丝化纤及制品、家用电器、电缆、B组塑料与橡胶及其制品、钢塑混合材料制品、各种塑料瓶盒包装的不燃、难燃物品及各类物品混杂储存的仓库等
	Ⅲ级	A组塑料与橡胶及其制品、沥青制品等

注:表中的A组、B组塑料橡胶的分类见本规范附录B。

根据上表规定,单多层办公楼为轻危险级,A错误;③车间为高层服装生产车间,属于中危险Ⅱ级,B正确;⑤仓库为布料仓库,⑥仓库为成品服装,两座仓库均属于仓库危险Ⅱ级,C、D正确;⑩地下车库属于中危险Ⅱ级,E错误。

第三题

背景材料:

某家具生产厂房,每层建筑面积13000m²,现浇钢筋混凝土框架结构(截面最小尺寸400mm×500mm,保护层厚度20mm),黏土砖墙围护,不燃性楼板耐火极限不低于1.5h,屋顶承重构件采用耐火极限不低于1.00h的钢网架,不上人屋面采用芯材为岩棉的彩钢夹心板(质量为58kg/m²),建筑相关信息及总平面布局见下图。

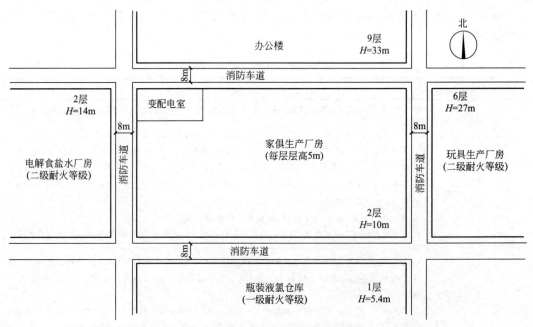

图1 家具生产厂房总平面示意图

家具生产厂房内设置建筑面积为300m²，半地下中间仓库，储存不超过一昼夜用量的油漆和稀释剂，主要成分为甲苯和二甲苯，在家具生产厂房二层东南角贴邻外墙布置550m²喷漆工段，采用封闭喷漆工艺，并用防火隔墙与其他部位隔开，防火隔墙上设置一樘在火灾时能自动关闭的甲级防火门，中间仓库和喷漆工段采用防静电不发火花地面，外墙上设置通风口，全部电气设备按规定选定防爆设备，在一层室内西北角布置500m²变配电室（每台设备装油量为65kg）并用防火隔墙与其他部位隔开，该家具生产厂房的疏散和消防设施的设置符合消防标准要求。

根据以上材料，回答下列问题（共20分）

【题1】 该家具生产厂房的耐火等级为几级？分别指出该厂房、厂房内的中间仓库、喷漆工段、变配电室的火灾危险性类别。

【参考答案】

生产厂房的耐火等级为二级，家具厂房的火灾危险性为丙类，厂房内的中间仓库火灾危险性为甲类，喷漆工段的火灾危险性为甲类，变配电室的火灾危险性为丙类。

【命题思路】

本题考查《建筑设计防火规范》GB 50016—2014（2018年版）有关工业建筑的防火设计耐火等级和火灾危险性分类，需要根据厂房内的使用或产生的物质判断其生产的火灾危险性类别，特别是有关中间仓库，及同一座建筑内不同火灾危险性物质的生产和存放区域等特殊情况的判断。

【解题分析】

耐火等级一般根据建筑构件的耐火时间来判定，题干中给出不燃性楼板的耐火极限为1.5h，满足一级耐火等级，但屋顶承重构件的耐火极限不低于1.00h，仅能满足二级耐火等级的要求。此外，《建筑设计防火规范》第3.2.11条，采用自动喷水灭火系统全保护的一级耐火等级单、多层厂房（仓库）的屋顶承重构件，其耐火极限不应低于1.00h。但题干未明确是否设置自动喷水灭火系统。因此，该厂房建筑应整体判定为二级耐火等级。

根据《建筑设计防火规范》第3.1.4条，同一座仓库或仓库的任一防火分区内储存不同火灾危险性物品时，仓库或防火分区的火灾危险性应按火灾危险性最大的物品确定。

第3.1.2条，同一座厂房或厂房的任一防火分区内有不同火灾危险性生产时，厂房或防火分区内的生产火灾危险性类别应按火灾危险性较大的部分确定；当生产过程中使用或产生易燃、可燃物的量较少，不足以构成爆炸或火灾危险时，可按实际情况确定；当符合下述条件之一时，可按火灾危险性较小的部分确定。

1 火灾危险性较大的生产部分占本层或本防火分区建筑面积的比例小于5%或丁、戊类厂房内的油漆工段小于10%，且发生火灾事故时不足以蔓延至其他部位或火灾危险性较大的生产部分采取了有效的防火措施；

2 丁、戊类厂房内的油漆工段，当采用封闭喷漆工艺，封闭喷漆空间内保持负压、油漆工段设置可燃气体探测报警系统或自动抑爆系统，且油漆工段占所在防火分区建筑面积的比例不大于20%。

除可直接判定的中间仓库的火灾危险性为甲类（甲苯和二甲苯）喷漆工段火灾危险性

为甲类,变配电室每台设备装油量65kg,大于60kg,火灾危险性为丙类,对于喷漆工段,该区域面积为550m²,且喷漆工段采取了有效的防火措施,厂房每层建筑面积13000m²,550/13000=4.23%,小于5%,所以厂房的危险性也是丙类。

因此,家具厂房的火灾危险性为丙类,厂房内的中间仓库火灾危险性为甲类,喷漆工段的火灾危险性为甲类,变配电室的火灾危险性为丙类。

【题2】家具生产厂房与办公楼、玩具生产厂房、瓶装液氯仓库、电解食盐水厂房的防火间距分别不应小于多少 m?

【参考答案】

家具生产厂房与二类高层办公楼的防火间距不应小于15m;

家具生产厂房与高层玩具厂房的防火间距不应小于13m;

家具生产厂房与瓶装液氯乙类仓库的防火间距不应小于10m;

家具生产厂房与电解食盐水厂房的防火间距不应小于12m。

【命题思路】

本题目考查《建筑设计防火规范》中各类火灾危险性的建筑之间的防火间距。防火间距作为防火设计的基本要求,需要重点掌握,特别是防火间距有相关折减或者增加的特殊情况。

【解题分析】

根据《建筑设计防火规范》第3.4.1条,家具厂房的火灾危险性为丙类厂房,丙类厂房与二类高层的最小防火间距为15m,丙类厂房与二级耐火等级高层丙类厂房的最小防火间距为13m,丙类厂房与单层一级耐火等级的乙类仓库的最小防火间距为10m。电解食盐水厂房为甲类火灾危险性,因此丙类厂房与其最小防火间距为12m。

【题3】家具生产厂房地上各层至少应划分几个防火分区?该厂房在平面布置和建筑防爆措施方面存在什么问题?

【参考答案】

家具生产厂房地上各层至少应划分2个防火分区。平面布置和建筑防爆措施方面的问题:

1) 地下中间仓库储存甲苯和二甲苯;

2) 喷漆工段采用防火隔墙与其他部位隔开,隔墙上设置一樘在火灾时能自动关闭的甲级防火门;

3) 承重结构采用钢网架结构;

4) 喷漆工段靠外墙布置;

5) 中间仓库和喷漆工段外墙上设置通风口;

6) 中间仓库面积大于250m²。

【命题思路】

本题考查《建筑设计防火规范》有关防火分区的划分要求及平面布置和建筑防爆的相关要求。其中,包括工业建筑和民用建筑在内的各类建筑防火分区的划分,均是历次考试的重点内容,需要数量掌握。

【解题分析】

丙类厂房内设置有自动灭火系统时,可按照12000m²划分防火分区,每层13000m²

的建筑面积，需要划分至少2个防火分区。

平面布置和建筑防爆措施方面的问题方面：

1）半地下中间仓库储存的甲苯和二甲苯均属于甲类物质，该区域属于有爆炸危险，不能存放在半地下，宜布置在多层厂房顶层靠外墙的泄压设施附近。

2）喷涂工段应采用门斗与其他部位隔开。有爆炸危险的区域与相邻区域连通处，应设置门斗等防护措施。门斗的隔墙应为耐火极限不应低于2.00h的防火隔墙，门应采用甲级防火门并应与楼梯间的门错位设置。

3）承重结构采用钢网架结构错误，承重结构宜采用钢筋混凝土或钢框架、钢排架结构。

4）喷漆工段靠外墙布置，其泄压设施的设置需要避开人员密集场所和主要交通道路，并宜靠近有爆炸危险的部位。题干中，厂房四周都是消防车道，故应先考虑利用屋顶泄压。

5）中间仓库和喷漆工段外墙上设置通风口。通风和空气调节系统应采取防火措施，空气中含有易燃、易爆危险物质的房间，其送、排风系统应采用防爆型的通风设备。

6）中间仓库面积超过3.3.6条中间仓库的要求和3.3.2条有关甲类1项防火分区面积的规定值，单层仓库甲1项防火分区面积不能超过250m²。

【题4】喷漆工段内若设置管、沟和下水道，应采用哪些防爆措施？

【参考答案】

1）喷漆工段内不宜设置地沟，确需设置时，其盖板应严密，地沟应采取防止可燃气体、可燃蒸气和粉尘、纤维在地沟积聚的有效措施，且应在与相邻厂房连通处采用防火材料密封。

2）喷漆工段内管、沟不应与相邻厂房的管、沟相通，下水道应设置隔油设施。

【命题思路】

本题考查《建筑设计防火规范》第3.6节有关工业厂房和仓库的防爆泄压措施。掌握相关条文的措施后还需要能领会并应用。

【解题分析】

参考《建筑设计防火规范》GB 50016—2014（2018年版）第3.6.6条：

3.6.6 散发较空气重的可燃气体、可燃蒸气的甲类厂房和有粉尘、纤维爆炸危险的乙类厂房，应符合下列规定：

1 应采用不发火花的地面。采用绝缘材料作整体面层时，应采取防静电措施；

2 散发可燃粉尘、纤维的厂房，其内表面应平整、光滑，并易于清扫；

3 厂房内不宜设置地沟，确需设置时，其盖板应严密，地沟应采取防止可燃气体、可燃蒸气和粉尘、纤维在地沟积聚的有效措施，且应在与相邻厂房连通处采用防火材料密封。

3.6.11 使用和生产甲、乙、丙类液体的厂房，其管、沟不应与相邻厂房的管、沟相通，下水道应设置隔油设施。

本题答案为与条文相关的直接内容。其中喷漆工段内管、沟不应与相邻厂房的管、沟相通，下水道应设置隔油设施。如果是水溶性可燃、易燃液体，采用常规的隔油设施不能有效防止可燃液体蔓延与流散，而应根据具体生产情况采取相应的排放处理措施。

【题5】计算喷漆工段泄压面积

（喷漆工段长径比＜3，$C=0.110\text{m}^2/\text{m}^3$，$550^{2/3}=67$，$2750^{2/3}=196$，$12000^{2/3}=524$，$13000^{2/3}=553$）。

【参考答案】

215.6m^2

【命题思路】

本题考查《建筑设计防火规范》中关于厂房泄压面积的计算。近年来第二次在案例分析中考到该知识点，考生需要熟悉。

【解题分析】

参考《建筑设计防火规范》GB 50016—2014（2018年版）第3.6.4条：

3.6.4 厂房的泄压面积宜按下式计算，但当厂房的长径比大于3时，宜将建筑划分为长径比不大于3的多个计算段，各计算段中的公共截面不得作为泄压面积：

$$A=10CV^{2/3} \tag{3.6.4}$$

式中：A——泄压面积（m^2）；

V——厂房的容积（m^3）；

C——泄压比，可按表3.6.4选取（m^2/m^3）。

厂房内爆炸性危险物质的类别与泄压比规定值（m^2/m^3） 表3.6.4

厂房内爆炸性危险物质的类别	C值
氢、粮食、纸、皮革、铅、铬、铜等$K_{尘}$＜10MPa·m·s^{-1}的粉尘	≥0.030
木屑、炭屑、煤粉、锑、锡等10MPa·m·s^{-1}≤$K_{尘}$≤30MPa·m·s^{-1}的粉尘	≥0.055
丙酮、汽油、甲醇、液化石油气、甲烷、喷漆间或干燥室、苯酚树脂、铝、镁、锆等$K_{尘}$＞30MPa·m·s^{-1}的粉尘	≥0.110
乙烯	≥0.160
乙炔	≥0.200
氢	≥0.250

注：1 长径比为建筑平面几何外形尺寸中的最长尺寸与其横截面周长的积和4.0倍的建筑横截面积之比。
    2 $K_{尘}$是指粉尘爆炸指数。

该喷漆工段的长径比＜3，建筑面积为550m^2，层高为5m。根据公式$A=10CV^{2/3}$，喷漆工段的泄压面积=$10\times0.11\times(550\times5)^{2/3}=10\times0.11\times2750^{2/3}=215.6\text{m}^2$。

第四题

背景材料：

某综合楼，地下1层，地上5层，局部6层，一层室内地坪标高为±0.000m，室外地坪标高为－0.600m，屋顶为平屋面。该楼为钢筋混凝土现浇框架结构，柱的耐火极限为5.00h；梁、楼板、疏散楼梯的耐火极限为2.50h；防火墙、楼梯间的墙和电梯井的墙均采用加气混凝土砌块墙,耐火极限均为 5.00h;疏散走道两侧的隔墙和房间隔墙均采用钢龙骨两面钉耐火纸面石膏板(中间填 100mm 厚隔音玻璃丝棉),耐火极限均为 1.50h;以上构件燃烧性能均为不燃性。吊顶采用木吊顶搁栅钉 10mm 厚纸面石膏板,耐火极限为 0.25h。

该综合楼除地上一层层高 4.2m 外,其余各层层高均为 3.9m,建筑面积均为 960m²,顶层建筑面积 100m²。各层用途及人数为:地下一层为设备用房和自行车库,人数 30 人;一层为门厅、厨房、餐厅,人数 100 人;二层为餐厅,人数 240 人;三层为歌舞厅(人数需计算);四层为健身房,人数 100 人;五层为儿童舞蹈培训中心,人数 120 人。地上各层安全出口均为 2 个,地下一层 3 个,其中一个为自行车出口。

楼梯 1 和楼梯 2 在各层位置相同,采用敞开楼梯间。在地下一层楼梯间入口处设有净宽 1.50m 的甲级防火门(编号为 FM1),开启方向顺着人员进入地下一层的方向。

该综合楼三层平面图如下图所示。图中 M1、M2 为木质隔音门,净宽分别为 1.30m 和 0.90m;M4 为普通木门,净宽 0.90m;JXM1、JXM2 为丙级防火门,门宽 0.60m。

该建筑全楼设置中央空调系统和湿式自动喷水灭火系统等消防设施,各消防系统按照国家消防技术标准要求设置且完整好用。

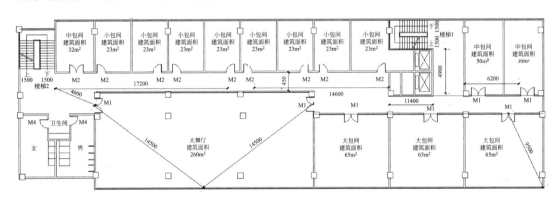

三层平面图(图中尺寸单位为 mm)

根据以上材料,回答下列问题(共 24 分)

【题 1】 计算该综合楼建筑高度,并确定该综合楼的建筑分类。
【参考答案】
该综合楼的建筑高度为 24.3m,为二类高层公共建筑。
建筑高度的计算:$0.6+4.2+3.9\times 5=24.3m$。
【命题思路】
本题考查建筑高度的计算方法及建筑的分类。
【解题分析】
参考《建筑设计防火规范》GB 50016—2014(2018 年版)附录 A 关于建筑高度和建筑层数的计算方法:

A.0.1 建筑高度的计算应符合下列规定:

1 建筑屋面为坡屋面时,建筑高度应为建筑室外设计地面至其檐口与屋脊的平均高度;

2 建筑屋面为平屋面(包括有女儿墙的平屋面)时,建筑高度应为建筑室外设计地面至其屋面面层的高度;

5 局部突出屋顶的瞭望塔、冷却塔、水箱间、微波天线间或设施、电梯机房、排风和排烟机房以及楼梯出口小间等辅助用房占屋面面积不大于1/4者,可不计入建筑高度;

根据以上规定,对于局部突出屋顶的设备用房或辅助用房,当占屋面面积不大于1/4者,可不计入建筑高度。题干中建筑局部6层,面积为100m^2,但并未明确相关功能。因此建筑高度计算范围为室外地坪标高至第六层,即$0.6+4.2+3.9\times5=24.3m$,建筑类型为二类高层公共建筑。

【题2】判断该综合楼的耐火等级是否满足规范要求,并说明理由。

【参考答案】

该综合楼地上部分的耐火等级满足规范要求,地下部分的耐火等级不满足要求。

理由:该综合楼为二类高层公共建筑,地上部分建筑耐火等级不低于二级,地下部分建筑耐火等级不低于一级。木吊顶搁栅钉10mm厚纸面石膏板为难燃0.25h,符合二级耐火等级难燃0.25h的要求,但不满足一级耐火等级燃烧性能的要求。因此,地下部分的耐火等级不满足要求。

【命题思路】

本题主要考查不同使用功能建筑的耐火等级要求,以及建筑耐火等级和构件耐火极限、燃烧性能之间的对应关系。

【解题分析】

参考《建筑设计防火规范》GB 50016—2014(2018年版)关于耐火等级的规定:

5.1.3 民用建筑的耐火等级应根据其建筑高度、使用功能、重要性和火灾扑救难度等确定,并应符合下列规定:

1 地下或半地下建筑(室)和一类高层建筑的耐火等级不应低于一级;

2 单、多层重要公共建筑和二类高层建筑的耐火等级不应低于二级。

该综合楼为二类高层公共建筑,根据以上要求,其地上部分的耐火等级不应低于二级,地下部分的耐火等级不应低于一级。

参考《建筑设计防火规范》GB 50016—2014(2018年版)表5.1.2中关于不同耐火等级建筑相应构件的耐火极限和燃烧性能的相关规定,对该综合楼的情况进行分析:

(1)该综合楼的柱采用不燃材料,耐火时间为5.00h,达到一级耐火等级要求。

(2)梁、楼板、疏散楼梯采用不燃材料,耐火时间为2.5h,达到一级耐火等级要求。

(3)疏散走道两侧的隔墙、房间隔墙采用不燃材料,耐火时间为1.50h,达到一级耐火等级要求。

(4)吊顶采用木吊顶搁栅钉10mm厚纸面石膏板,为难燃材料,耐火时间为0.25h,达到二级耐火等级要求。

综上,该建筑地上部分各构件的耐火极限和燃烧性满足二级耐火等级的要求,地下部分吊顶的燃烧性能不满足一级耐火等级的要求。

不同耐火等级建筑相应构件的燃烧性能和耐火极限（h）　　　表 5.1.2

构件名称		耐火等级			
		一级	二级	三级	四级
墙	防火墙	不燃性 3.00	不燃性 3.00	不燃性 3.00	不燃性 3.00
	承重墙	不燃性 3.00	不燃性 2.50	不燃性 2.00	难燃性 0.50
	非承重外墙	不燃性 1.00	不燃性 1.00	不燃性 0.50	可燃性
	楼梯间和前室的墙 电梯井的墙 住宅建筑单元之间 的墙和分户墙	不燃性 2.00	不燃性 2.00	不燃性 1.50	难燃性 0.50
	疏散走道两侧的隔墙	不燃性 1.00	不燃性 1.00	不燃性 0.50	难燃性 0.25
	房间隔墙	不燃性 0.75	不燃性 0.50	不燃性 0.50	难燃性 0.25
柱		不燃性 3.00	不燃性 2.50	不燃性 2.00	难燃性 0.50
梁		不燃性 2.00	不燃性 1.50	不燃性 1.00	难燃性 0.50
楼板		不燃性 1.50	不燃性 1.00	不燃性 0.50	可燃性
屋顶承重构件		不燃性 1.50	不燃性 1.00	可燃性 0.50	可燃性
疏散楼梯		不燃性 1.50	不燃性 1.00	不燃性 0.50	可燃性
吊顶（包括吊顶搁栅）		不燃性 0.25	难燃性 0.25	不燃性 0.15	可燃性

【题3】 该综合楼的防火分区划分是否满足规范要求，并说明理由。

【参考答案】

不满足规范要求。

理由：二类高层民用建筑的防火分区最大允许建筑面积为 $1500m^2$，设置自动喷水灭火系统后的最大允许建筑面积为 $3000m^2$；该建筑地上部分防火分区面积为 $4900m^2$，超出规范要求。

【命题思路】

本题考查防火分区的最大允许建筑面积和防火分区的计算方法。

【解题分析】

根据《建筑设计防火规范》GB 50016—2014（2018年版）第5.3.1条的规定，二类高层民用建筑的防火分区最大允许建筑面积为1500m²，设置自动喷水灭火系统后的最大允许建筑面积为3000m²；地下或半地下建筑（室）的防火分区最大允许建筑面积为500m²，设置自动喷水灭火系统后的允许面积为1000m²。

第5.3.2条规定，建筑内设置自动扶梯、敞开楼梯等上、下层相连通的开口时，其防火分区的建筑面积应按上、下层相连通的建筑面积叠加计算；当叠加计算后的建筑面积大于本规范第5.3.1条的规定时，应划分防火分区。

题干中提到该建筑中楼梯1和楼梯2采用敞开楼梯间，仅在地上一层楼梯间入口处设置甲级防火门，即将地上地下划分为两个防火分区，地上各层连通为一个防火分区，地上防火分区建筑面积为960×5+100=4900m²，地下防火分区建筑面积为960m²。

因此，该建筑地上防火分区面积超出规范规定的防火分区最大允许建筑面积。

【题4】计算一层外门的最小总净宽度和二层疏散楼梯的最小总净宽度。

【参考答案】
一层外门的最小总净宽度为3.7m，二层疏散楼梯的最小总净宽度为3.7m。

【命题思路】
本题考查《建筑设计防火规范》第5.5.21条要求，要求考生能够计算各类疏散设施所需的最小疏散净宽度。

本题考查建筑疏散宽度的计算方法，以及歌舞娱乐放映游艺场所的人员密度等。

【解题分析】
参考《建筑设计防火规范》GB 50016—2014（2018年版）第5.5.21条的规定：

5.5.21 除剧场、电影院、礼堂、体育馆外的其他公共建筑，其房间疏散门、安全出口、疏散走道和疏散楼梯的各自总净宽度，应符合下列规定：

1 每层的房间疏散门、安全出口、疏散走道和疏散楼梯的各自总净宽度，应根据疏散人数按每100人的最小疏散净宽度不小于表5.5.21-1的规定计算确定。当每层疏散人数不等时，疏散楼梯的总净宽度可分层计算，地上建筑内下层楼梯的总净宽度应按该层及以上疏散人数最多一层的人数计算；地下建筑内上层楼梯的总净宽度应按该层及以下疏散人数最多一层的人数计算；

每层的房间疏散门、安全出口、疏散走道和疏散楼梯的每100人最小疏散净宽度（m/百人）

表5.5.21-1

建筑层数		建筑的耐火等级		
		一、二级	三级	四级
地上楼层	1～2层	0.65	0.75	1.00
	3层	0.75	1.00	—
	≥4层	1.00	1.25	—
地下楼层	与地面出入口地面的高差 ΔH≤10m	0.75	—	—
	与地面出入口地面的高差 ΔH>10m	1.00	—	—

2 地下或半地下人员密集的厅、室和歌舞娱乐放映游艺场所，其房间疏散门、安全出口、疏散走道和疏散楼梯的各自总净宽度，应根据疏散人数按每100人不小于1.00m

计算确定；

  3 首层外门的总净宽度应按该建筑疏散人数最多一层的人数计算确定，不供其他楼层人员疏散的外门，可按本层的疏散人数计算确定；

  4 歌舞娱乐放映游艺场所中录像厅的疏散人数，应根据厅、室的建筑面积按不小于 1.0 人/m^2 计算；其他歌舞娱乐放映游艺场所的疏散人数，应根据厅、室的建筑面积按不小于 0.5 人/m^2 计算。

  根据题干，第三层歌舞厅的厅、室面积为：$23 \times 8 + 32 + 30 \times 2 + 65 \times 3 + 260 = 731 m^2$。

歌舞厅人数为：$731 \times 0.5 = 365.5 \approx 366$ 人。

$366 \times 1/100 = 3.66 m$。

  其他楼层人数分别为地下一层 30 人、一层 100 人、二层 240 人、四层 100 人、五层 120 人，所需疏散宽度均小于 3.66m。

  根据第 5.5.21 条第 1 款规定，应按第三层歌舞厅计算首层外门的总净宽度，而且由于歌舞厅位于第二层之上，第二层的疏散楼梯的宽度除满足本楼层疏散宽度要求外，也应不小于二层以上楼层所需的疏散宽度。

  因此，一层外门的最小总净宽度、二层疏散楼梯的最小总净宽度均为 $3.66m \approx 3.7m$。

【题 5】指出该综合楼在平面布置和防火分隔方面存在的问题。

【参考答案】

  1) 五层设置儿童舞蹈培训中心，不正确。应设置在地上一层至三层。

  2) 该综合楼三层歌舞娱乐放映游艺场所的 M1、M2 为木质隔音门，不正确。应采用乙级防火门。

  3) 房间隔墙均采用钢龙骨两面钉耐火纸面石膏板（中间填 100mm 厚隔音玻璃丝棉），耐火极限均为 1.50h，不正确。歌舞娱乐放映游艺场所厅、室之间及与建筑的其他部位之间，应采用耐火极限不低于 2.00h 的防火隔墙。

  4) 地上和地下的疏散楼梯间在首层共用一个出口时，仅设置一道甲级防火门，不正确，应在首层采用耐火极限不低于 2.00h 的防火隔墙和乙级防火门将地下或半地下部分与地上部分的连通部位完全分隔，并应设置明显的标志。

【命题思路】

  本题主要考查《建筑防火设计规范》中儿童场所、歌舞娱乐放映游艺场所等的平面布置、防火分隔要求。各类特殊场所的平面布置要求，需要数量掌握，并灵活运用。

【解题分析】

  参考《建筑防火设计规范》GB 50016—2014（2018 年版）对儿童场所、歌舞娱乐放映游艺场所和地上地下部分分隔的规定：

  5.4.4 托儿所、幼儿园的儿童用房，老年人活动场所和儿童游乐厅等儿童活动场所宜设置在独立的建筑内，且不应设置在地下或半地下；当采用一、二级耐火等级的建筑时，不应超过 3 层；采用三级耐火等级的建筑时，不应超过 2 层；采用四级耐火等级的建筑时，应为单层；确需设置在其他民用建筑内时，应符合下列规定：

  1 **设置在一、二级耐火等级的建筑内时，应布置在首层、二层或三层；**

  2 设置在三级耐火等级的建筑内时，应布置在首层或二层；

  3 设置在四级耐火等级的建筑内时，应布置在首层；

4 设置在高层建筑内时,应设置独立的安全出口和疏散楼梯;

5 设置在单、多层建筑内时,宜设置独立的安全出口和疏散楼梯。

5.4.9 歌舞厅、录像厅、夜总会、卡拉OK厅(含具有卡拉OK功能的餐厅)、游艺厅(含电子游艺厅)、桑拿浴室(不包括洗浴部分)、网吧等歌舞娱乐放映游艺场所(不含剧场、电影院)的布置应符合下列规定:

1 不应布置在地下二层及以下楼层;

2 宜布置在一、二级耐火等级建筑内的首层、二层或三层的靠外墙部位;

3 不宜布置在袋形走道的两侧或尽端;

4 确需布置在地下一层时,地下一层的地面与室外出入口地坪的高差不应大于10m;

5 确需布置在地下或四层及以上楼层时,一个厅、室的建筑面积不应大于200m²;

6 厅、室之间及与建筑的其他部位之间,应采用耐火极限不低于2.00h的防火隔墙和1.00h的不燃性楼板分隔,设置在厅、室墙上的门和该场所与建筑内其他部位相通的门均应采用乙级防火门。

6.4.4 除通向避难层错位的疏散楼梯外,建筑内的疏散楼梯间在各层的平面位置不应改变。

除住宅建筑套内的自用楼梯外,地下或半地下建筑(室)的疏散楼梯间,应符合下列规定:

1 室内地面与室外出入口地坪高差大于10m或3层及以上的地下、半地下建筑(室),其疏散楼梯应采用防烟楼梯间;其他地下或半地下建筑(室),其疏散楼梯应采用封闭楼梯间;

2 应在首层采用耐火极限不低于2.00h的防火隔墙与其他部位分隔并应直通室外,确需在隔墙上开门时,应采用乙级防火门;

3 建筑的地下或半地下部分与地上部分不应共用楼梯间,确需共用楼梯间时,应在首层采用耐火极限不低于2.00h的防火隔墙和乙级防火门将地下或半地下部分与地上部分的连通部位完全分隔,并应设置明显的标志。

根据以上规定第5.4.4条第1款,可知儿童活动场所设置在五层不正确;

根据以上规定第5.4.9第6款,可知歌舞娱乐放映游艺场所厅室上的门采用木质隔音门不正确,房间隔墙耐火极限为1.5h不正确;

根据以上规定第6.4.4条第3款,可知地上和地下的疏散楼梯间在首层共用一个出口时,仅设置一道甲级防火门不正确。

根据以上规定第5.4.4条和第5.4.9条分别对儿童活动场所和歌舞娱乐游艺放映场所的设置做出要求,其中儿童活动场所应设置在一、二级耐火等级的建筑内时,不应超过3层,歌舞娱乐放映游艺场所设置在厅、室墙上的门和该场所与建筑内其他部位相通的门均应采用乙级防火门。

【题6】指出题干和图2中在安全疏散方面存在的问题。

【参考答案】

(1)楼梯1和楼梯2采用敞开楼梯间,不正确。应采用封闭楼梯间。

(2)自行车库仅设置1个安全出口,不正确。应至少设置两个安全出口。

(3) 大包间、大舞厅疏散门向内开启，不正确。应为顺疏散方向往走廊开启。

(4) 大包间仅设置一个疏散门，不正确。大包间建筑面积为 65m²，大于 50m²，应至少设置两个疏散门。

(5) 两个楼梯间的疏散宽度共 3.0m，不正确。该宽度不应小于该层人员疏散所需最小疏散净宽度（3.66m）。

(6) 大包间、大舞厅疏散门的宽度为 1.3m，不正确。至少应为 1.4m。

(7) 大舞厅内的人员最大疏散距离为 14.5m，不正确。不应超过 11.25m。

【命题思路】

本题综合考查疏散设施的设置问题，尤其是歌舞娱乐放映游艺场所关于疏散设施等的特殊规定。

【解题分析】

(1) 参考《建筑设计防火规范》GB 50016—2014（2018 年版）第 5.5.12 条，《建筑防火设计规范》第 5.5.12 条，建筑高度不大于 32m 的二类高层公共建筑，其疏散楼梯应采用封闭楼梯间。因此，楼梯 1 和楼梯 2 采用敞开楼梯间不正确。

(2) 参考《建筑防火设计规范》GB 50016—2014（2018 年版）第 5.5.5 条，除歌舞娱乐放映游艺场所外，防火分区建筑面积不大于 200m² 的地下或半地下设备间、防火分区建筑面积不大于 50m² 且经常停留人数不超过 15 人的其他地下或半地下建筑（室），可设置 1 个安全出口或 1 部疏散楼梯。

本题地下室使用人数为 30 人，应设置 2 个安全出口。

(3) 参考《建筑防火设计规范》GB 50016—2014（2018 年版）第 6.4.11 条，民用建筑和厂房的疏散门，应采用向疏散方向开启的平开门，不应采用推拉门、卷帘门、吊门、转门和折叠门。除甲、乙类生产车间外，人数不超过 60 人且每樘门的平均疏散人数不超过 30 人的房间，其疏散门的开启方向不限。

根据《建筑防火设计规范》第 5.5.21 条第 4 款的规定，除录像厅外的歌舞娱乐放映游艺场所的人员密度为 0.5 人/m²。因此大包间及大舞厅的使用人数均超过 60 人，其疏散门应朝向顺疏散方向往走廊开启。

(4) 参考《建筑防火设计规范》GB 50016—2014（2018 年版）参考《建筑防火设计规范》GB 50016—2014（2018 年版）第 5.5.15 条第 3 款，歌舞娱乐放映游艺场所内建筑面积不大于 50m² 且经常停留人数不超过 15 人的厅、室，**其房间可设置 1 个疏散门**。

本题大包间建筑面积为 65m²，大于 50m²，使用人数也超过 15 人，应至少设置两个疏散门。

(5) 图中每个疏散楼梯的净宽度为 1.5m，经第 4 题计算，三层所需的疏散宽度为 3.66m，图中两部楼梯疏散宽度合计 3.0m，不满足 3.66m 的疏散净宽度要求。

(6) 参考《建筑防火设计规范》GB 50016—2014（2018 年版）第 5.5.19 条，人员密集的公共场所、观众厅的疏散门不应设置门槛，其净宽度不应小于 1.40m，且紧靠门口内外各 1.40m 范围内不应设置踏步人员密集的公共场所、观众厅的疏散门不应设置门槛，其净宽度不应小于 1.4m。

(7) 参考《建筑防火设计规范》GB 50016—2014（2018 年版）第 5.5.17 条，房间内任一点至房间直通疏散走道的疏散门的直线距离，不应大于表 5.5.17 规定的袋形走道两侧或尽端的疏散门至最近安全出口的直线距离,建筑物内全部设置自动喷水灭火系统时,其安全疏散距离可按本表的规定增加25%。因此,大舞厅内人员最大疏散距离不应超过 9+9×25%＝11.25m。

本题容易答错的地方:

地下一层楼梯间入口处的甲级防火门（编号为FM1）,开启方向顺着人员进入地下一层的方向是允许的。

参考《建筑防火设计规范》GB 50016—2014（2018年版）第6.4.11条,民用建筑和厂房的疏散门,应采用向疏散方向开启的平开门,不应采用推拉门、卷帘门、吊门、转门和折叠门。除甲、乙类生产车间外,人数不超过60人且每樘门的平均疏散人数不超过30人的房间,其疏散门的开启方向不限。本题地下一层的使用人数为30人,满足该条规范要求,因此疏散门的开启方向不限。

第五题

某高层商业综合楼,地下2层,地上30层,地上一层至五层为商场,按规范要求设置了火灾自动报警系统、消防应急照明和疏散指示系统、防排烟系统等建筑消防设施,业主委托某消防技术服务机构对消防设施进行了检测,检测过程及结果如下:

1. 火灾自动报警设施功能检测

现场随机抽查20只感烟探测器,加烟进行报警功能试验。其中,1只不报警,1只报警位置信息显示不正确,其余18只报警功能正常。

2. 火灾警报器及消防应急广播联动控制功能检测

将联动控制器设置为自动工作方式,在八层加烟触发1只感烟探测器报警,八层的声光警报器启动,再加烟触发八层的另1只感烟探测器报警,七、八、九层的消防应急广播同时启动、同时播放报警及疏散信息。

3. 排烟系统联动控制功能检测

将联动控制器设置为自动工作方式,在28层走道按下1只报警按钮,控制器输出该层排烟阀启动信号,现场查看排烟阀已经打开,对应的排烟风机没有启动。按下排烟风机现场电控箱上的手动启动按钮,排烟风机正常启动。

4. 消防应急照明和疏散指示系统功能检测

在商业综合楼一层模拟触发火灾报警系统2只探测器报警,火灾报警控制器发出火灾报警输出信号,商业综合楼地面上的疏散指示标志灯具一直没有应急点亮,手动操作应急照明控制器应急启动,所有应急照明和疏散指示灯具转入应急工作状态。

根据以上材料,回答下列问题（共20分）

【题1】该商业综合楼感烟探测器不报警的主要原因是什么？报警位置信息不正确应如何解决？

【参考答案】

1) 感烟探测器不报警的主要原因:

感烟探测器不报警的主要原因有:（1）该探测器本身损坏或故障;（2）探测器接线不

正确、接触不良、底座脱落等；（3）探测器与消防联动控制器线路故障、短路或断路；（4）电磁、气流、温度环境干扰；（5）探测器元件老化；（6）探测器进入灰尘或昆虫；（7）探测器接口与总线接触不良等。

2）报警位置信息不正确解决方法有：（1）探测器地址编码错误，重新编码，确认报警位置信息正确；（2）探测器编码模块故障，更换或维修模块；（3）探测器与报警控制器接线端子接错，重新根据产品说明书正确接线。

【命题思路】

本题主要考查火灾自动报警系统的调试、检测与维护相关内容，需要考生根据背景材料分析排除不正确的原因，结合背景材料给出可能的正确故障。

系统故障的分析首先需要了解火灾自动报警系统组成，各部分功能以及系统容易出现的问题、产生的原因、简单的处理方法，这个学习思路对于消防设施的综合能力均适用。

【解题分析】

参考《火灾自动报警系统施工及验收规范》第4章及教材《消防安全技术综合能力》第三篇第14章的相关内容。

背景材料中共测试了20只探测器，只有一只探测器不报警，因此排除系统性故障，主要从探测器自身或其接线方面去查找原因。

对于报警位置不正确，主要是由于地址编码及接线方面的原因出错，每个总线设备都有一个唯一的地址编码，该设备触发时，会在主机上显示该设备地址码，为便于值班人员确认，会对该地址码进行物理描述，比如某层某区域某房间，在实操中需一一核对。

【题2】根据现行国家标准《火灾自动报警系统设计规范》GB 50116，该商业综合楼火灾警报器及消防应急广播的联动控制功能是否正常？为什么？

【参考答案】

不正常。

原因：（1）在综合楼现场测试时，只有1只探测器加烟测试发出信号就启动警报不正确；（2）在加烟触发八层的另1只感烟探测器报警时，7、8、9层的消防应急广播同时启动也不正常，应该是全楼各层警报器同时启动；（3）火灾声警报与消防应急广播不应同时启动，应交替循环播放。

【命题思路】

本题主要考查火灾自动报警系统的联动控制相关内容，考生需要理解并熟练掌握中相关联动控制的要求。

【解题分析】

参考《火灾自动报警系统设计规范》GB 50116—2013对火灾警报器及消防应急广播的联动控制要求：

4.1.6 需要火灾自动报警系统联动控制的消防设备，其联动触发信号应采用两个独立的报警触发装置报警信号的"与"逻辑组合。

4.8.1 火灾自动报警系统应设置火灾声光警报器，并应在确认火灾后启动建筑内的所有火灾声光警报器。

4.8.9 消防应急广播的单次语音播放时间宜为10~30s，应与火灾声警报器分时交替工作，可采取1次火灾声警报器播放、1次或2次消防应急广播播放的交替工作方式循环播放。

根据以上规定可知：①联动触发信号应采用两个独立的报警触发装置报警信号的"与"逻辑组合；②火灾自动报警系统应在确认火灾后启动建筑内的所有火灾声光警报器和消防应急广播；③火灾声警报应与消防应急广播交替循环播放。

【题3】根据现行国家标准《火灾自动报警系统设计规范》GB 50116，该商业综合楼排烟系统联动控制功能是否正常？为什么？联动控制排烟风机没有启动的主要原因有哪些？

【参考答案】

该商业综合楼排烟系统联动控制不正确。

原因：(1) 该综合楼现场测试中在28层走道按下1只报警按钮，控制器输出该层排烟阀启动信号，不正确；(2) 排烟阀启动信号输出后，排烟风机未联动启动不正确。

联动控制排烟风机没有启动的主要原因有：(1) 系统设计逻辑关系不正确；(2) 排烟风机现场电控柜设置在了手动状态；(3) 消防联动控制器设置在了手动状态；(4) 排烟阀口与排烟风机连线故障或断开；(5) 消防联动控制器或接收模块故障等。

【命题思路】

该题主要考查排烟系统联动控制的基本原则。本题同第二题相同，考生需要理解并熟练掌握系统联动控制的基本要求及调试、检测与维护相关内容。

【解题分析】

参考《火灾自动报警系统设计规范》GB 50116—2013对排烟系统联动控制方式的相关要求：

4.5.2 排烟系统的联动控制方式应符合下列规定：

1 应由同一防烟分区内的两只独立的火灾探测器的报警信号，作为排烟口、排烟窗或排烟阀开启的联动触发信号，并应由消防联动控制器联动控制排烟口、排烟窗或排烟阀的开启，同时停止该防烟分区的空气调节系统。

2 应由排烟口、排烟窗或排烟阀开启的动作信号，作为排烟风机启动的联动触发信号，并应由消防联动控制器联动控制排烟风机的启动。

根据以上规定，仅按下1只报警按钮即输出排烟阀启动信号不正确；排烟阀动作后，对应的排烟风机没有启动也不正确。

由于排烟风机可现场手动启动，说明控制柜及风机都没有问题。因此风机未联通启动的原因，需要从排烟风机的联动控制、手动自动状态等方面入手分析，可能是联动逻辑、电控箱、相关供电、线路、模块故障等原因。

【题4】商业综合楼地面上的疏散指示标志灯具应选用哪种类型？消防应急照明和疏散指示系统功能是否正常？为什么？

【参考答案】

(1) 疏散指示标志灯具应选择集中电源集中控制型消防应急灯具（A型灯具）。

(2) 系统功能不正常，手动控制正常，消防应急照明和疏散指示系统应由同一报警区域内两只独立的火灾探测器或一只火灾探测器与一只手动火灾报警按钮的报警信号的"与"逻辑，启动商业综合楼地面上的疏散指示标志灯具，题干中提及的灯具没有被应急点亮。

【命题思路】

本题考查消防应急照明和疏散指示系统选型要求及消防应急照明和疏散指示系统联动

控制要求。

【解题分析】

参考《消防应急照明和疏散指示系统技术标准》GB 51309—2018：

3.2.1 灯具的选择应符合下列规定：

4 设置在距地面8m及以下的灯具的电压等级及供电方式应符合下列规定：

1）应选择A型灯具；

2）**地面上设置的标志灯应选择集中电源A型灯具；**

3）未设置消防控制室的住宅建筑，疏散走道、楼梯间等场所可选择自带电源B型灯具。

7 灯具及其连接附件的防护等级应符合下列规定：

1）**在室外或地面上设置时，防护等级不应低于IP67；**

2）在隧道场所、潮湿场所内设置时，防护等级不应低于IP65；

3）B型灯具的防护等级不应低于IP34。

根据以上规定，地面疏散指示标志应采用集中控制型系统集中电源A型灯具，且防护等级不应低于IP67。

参考《火灾自动报警系统设计规范》GB 50116—2013：

4.1.6 需要火灾自动报警系统联动控制的消防设备，其联动触发信号应采用两个独立的报警触发装置报警信号的"与"逻辑组合。

4.9.2 当确认火灾后，由发生火灾的报警区域开始，顺序启动全楼疏散通道的消防应急照明和疏散指示系统，系统全部投入应急状态的启动时间不应大于5s。

根据以上规定，(1)触发火灾报警系统2只探测器报警，火灾报警控制器发出火灾报警输出信号后，持续型灯具的光源由节电点亮模式转入应急点亮模式，而相关灯具未点亮，因此系统功能不正常；(2)当确认火灾后，由发生火灾的报警区域开始，顺序启动全楼疏散通道的消防应急照明和疏散指示系统，题干中应急灯一直没有点亮，因此不正常。

【题5】消防应急照明和疏散指示系统功能检测过程中，该商业综合楼地面上的疏散指示标志灯具一直没有点亮的原因有哪些？

【参考答案】

疏散指示标志灯具一直没有点亮的原因有：(1)联动逻辑错误；(2)应急照明控制器处于手动状态；(3)模块故障；(4)火灾报警控制器至应急照明控制器的线路故障；(5)集中电源与输出模块或与灯具之间的线路故障；(6)未按图纸进行施工调试。

【命题思路】

本题主要考查消防应急照明和疏散指示系统的设置要求及功能不正常时的主要原因。

【解题分析】

结合教材《消防安全技术综合能力》第三篇第13章及第14章的相关内容，故障原因需要从系统的功能及设计要求入手，结合相关联动控制器要求、各个组件及组件间的连接线路、供电系统、相关设备的工作状态等方面进行考虑。

背景材料中应急照明灯具虽然没有联动启动，但远程手动启动正常，说明火灾报警控制器至应急照明之间、集中电源等方面没有问题，因此需要从联动逻辑、自动手动状态、是否正确施工安装、自动控制模块是否正常等方面入手分析灯具一直没有点亮的原因。

第六题

背景材料：

东北某金数据中心建筑，共4层，总建筑面积为11200m³，1层为高低压配电室、消防水泵房、消防控制室、办公室等，2层为记录（纸）介质库，3层为记录（纸）介质（备用）及重要客户档案室等，4层为数据处理机房、通信机房，2、3层设置了预作用自动喷水灭火系统，使用洒水喷头896只（其中吊顶上、下使用喷头的数量各为316只，其余部位使用喷头数量为264只）。

高低压配电室、数据处理机房、通信机房采用组合分配方式IG541混合气体灭火系统进行防护，IG541混合气体灭火系统的灭火剂储瓶共96只，规格为90L，一级充压，储瓶间内的温度约5℃。

消防技术服务机构进行检测时发现：

1. 预作用自动喷水灭火系统设置了2台预作用报警阀组，消防技术务机构人员认为其符合现行国家标准《自动喷水灭火系统设计规范》（GB50084）的相关规定。

2. 预作用自动喷水灭火系统处于瘫痪状态，据业主反映：该系统的气泵控制箱长期显示低压报警，导致气泵一直运行，对所有的供水供气管路、组件及接口进行过多次水压试验及气密性检查，对气泵密闭性能做了多次核查，均没有发现问题，无奈才关闭系统。

3. 高低压配电室的门扇下半部为百叶，作为泄压口使用。

4. IG541气体灭火系统灭火剂储存装置的压力表显示为13.96MPa，消防技术服务机构人员认为压力偏低，有可能存在灭火剂而缓慢泄漏情况。

根据以上材料，回答下列问题（共20分）

【题1】该预作用自动喷水灭火系统至少应设置几台预作用报警阀组？为什么？

【参考答案】

该预作用系统应至少设置1台预作用报警阀组。

原因：当吊顶上方及下方同时设置喷头时，按多的一侧取值，也就是316只，因此共有316+264=580只喷头。每个预作用报警阀组保护喷头数量不宜大于800只喷头，所以至少应设置1台预作用报警装置。

【命题思路】

该题主要考查预作用报警阀组所控制的喷头数量和吊顶下方、上方同时设置喷头时喷头数量的计算方法。

【解题分析】

参考《自动喷水灭火系统设计规范》GB 50084—2017：

6.2.3 一个报警阀组控制的洒水喷头数应符合下列规定：

1 湿式系统、预作用系统不宜超过800只；干式系统不宜超过500只；

2 当配水支管同时设置保护吊顶下方和上方空间的洒水喷头时，应只将数量较多一侧的洒水喷头计入报警阀组控制的洒水喷头总数。

根据以上规定，可知预作用系统报警阀组控制的喷头数量不宜超过800只；当吊顶下方和上方空间同时设置喷头时，按多的一侧取值。

【题2】对预作用自动喷水灭火系统行检测时，除气泵外，至少还需检测哪些设备或组件？

【参考答案】

除气泵外，还需检测洒水喷头、气泵控制装置的电磁阀、预作用报警阀组、排气阀入口的电动阀、水流指示器、水力警铃、压力开关、流量开关、末端试水装置及消防水泵、相关管道阀门及火灾自动报警系统等相关探测控制装置。

【命题思路】

本题考查对预作用自动喷水灭火系统的检测内容。

【解题分析】

参考教材《消防安全技术综合能力》第三篇第四章第四节，关于系统年度检查中预作用装置相关检测内容及要求。

4. 预作用装置

（1）检测内容及要求。按照干式报警阀组的要求检查预作用装置的空气压缩机和气压控制装置，其电磁阀的启闭应灵敏可靠，反馈信号应准确。预作用装置的功能性检测按照下列要求进行：

1）模拟火灾探测报警，火灾报警控制器确认火灾后，自动启动预作用装置（雨淋报警阀）、排气阀入口电动阀以及消防水泵；水流指示器、压力开关、流量开关动作。

2）报警阀组动作后，测试水力警铃声强，不得低于70dB。

3）开启末端试水装置，火灾报警控制器确认火灾2min后，其出水压力不低于$0.05MPa$。

4）消防控制设备准确显示电磁阀、电动阀、水流指示器、压力开关、流量开关以及消防水泵动作信号，反馈信号准确。

根据以上规定，除气泵外，至少还需检测的内容包括：气泵控制装置的电磁阀、预作用装置（雨淋报警阀）、排气阀入口的电动阀、消防水泵、水流指示器、压力开关、流量开关、水力警铃。

【题3】列举可能造成预作用自动喷水灭火系统气泵控制箱长期显示低压报警，气泵一直运行的原因。

【参考答案】

1. 气泵控制箱故障；
2. 气泵控制箱未按照施工图纸安装调试；
3. 气泵（空气压缩机）故障，出口压力不足；
4. 压力开关故障或设定值错误。

【命题思路】

本题主要考查可能导致气泵控制箱低压报警的原因。

【解题分析】

题干中提到对所有管路、组件及接口进行过多次水压试验及气密性检查、对气泵密闭性能做了多次核查，均没有发现问题，这就排除了气泵、管路、喷头及末端试水装置等方面的问题，说明问题可能出在气泵及气泵控制箱本身、压力开关故障等方面。

【题4】高低压配电室的泄压口设置合标准规范要求吗？简述理由。

【参考答案】

原因：IG-541系统的泄压口无具体要求，可利用门窗下半部的百叶窗作为泄压口，但泄压口面积按相应气体灭火系统设计规定计算以确定是否满足要求。

【命题思路】

本题主要考查气体灭火系统泄压口的设置要求。

【解题分析】

参考《气体灭火系统设计规范》关于泄压口设置的相关要求：

3.2.7 防护区应设置泄压口，七氟丙烷灭火系统的泄压口应位于防护区净高的2/3以上。

3.2.8 防护区设置的泄压口，宜设在外墙上。泄压口面积按相应气体灭火系统设计规定计算。

3.4.6 防护区的泄压口面积，宜按下式计算：

$$F_x = 1.1 \frac{Q_x}{\sqrt{P_f}} \tag{3.4.6}$$

式中 F_x——泄压口面积（m²）；

Q_x——灭火剂在防护区的平均喷放速率（kg/s）；

P_f——围护结构承受内压的允许压强（Pa）。

由于七氟丙烷的密度比空气重，因此要求泄压口应位于防护区净高的2/3以上。IG 541与空气的密度相似，规范对其泄压口的位置无具体要求。规范第3.2.8条中"泄压口宜设在外墙上"，可理解为：防护区存在外墙的，就应该设在外墙上；防护区不存在外墙的，可考虑设在与走廊相隔的内墙上。因此利用门窗下半部的百叶窗作为泄压口是可行的，但是泄压口的面积必须根据第3.4.6条按公式计算以确定是否满足要求。

【题5】消防技术服务机构人员认为IG-541气体灭火系统灭火剂储存"压力偏低""有可能存在灭火剂缓慢泄漏情况"是否正确？简述理由。

【参考答案】

判断不正确。IG-541系统的充装压力会随温度变化，在5℃环境下，充装压力为13.96MPa。

【命题思路】

本题考查气体灭火系统的充装压力与充装温度的关系。

【解题分析】

参考《气体灭火系统设计规范》GB 50370—2005：

3.4.5 储存容器充装量应符合下列规定：

1 一级充压（15.0MPa）系统，充装量应为211.15kg/m³；

2 二级充压（20.0MPa）系统，充装量应为281.06kg/m³。

参考《气体灭火系统灭火剂充装规定》附录A中关于IG-541灭火剂的相关要求：

IG-541（氩气、氮气、二氧化碳）灭火剂的充装温度与充装压力　　　　表 A.5

充装温度℃	充装压力 MPa	
	贮存压力 15MPa 的瓶组	贮存压力 20MPa 的瓶组
5	13.96	18.52
10	14.32	19.04
15	14.68	19.56
20	15.04	20.08
25	15.40	20.60
30	15.76	21.12
35	16.12	21.64
40	16.48	22.16
45	16.84	22.68
50	17.20	23.20

从以上规定可见，对于一级充压系统，在20℃条件下，充装压力为15MPa；在5℃环境下，其充装压力为13.96MPa。

2018 年
一级注册消防工程师《消防安全案例分析》真题及答案

第一题

华北地区的某高层公共建筑,地上 7 层,地下 3 层,建筑高度 35m,总建筑面积 70345m²,建筑外墙采用玻璃幕墙,其中地下总建筑面积 28934m²,地下 1 层层高 6m 为仓储式超市(货品高度 3.5m)和消防控制室及设备用房;地下 2、3 层层高均为 3.9m,为汽车库及设备用房,设计停车位 324 个;地上总建筑面积 41411m²,每层层高为 5m,1~5 层为商场,6、7 层为餐饮、健身、休闲场所,屋顶设消防水箱间和稳压泵,水箱间地面高出屋面 0.45m。

该建筑消防给水由市政支状供水管引入 1 条 DN150 的管道供给,并在该地块内形成环状管网,建筑物四周外缘 5~150m 内设有 3 个市政消火栓,市政供水管道压力为 0.25MPa,每个市政消火栓的流量按 10L/s 设计,消防储水量不考虑火灾期间的市政补水。地下 1 层设消防水池和消防泵房,室内外消火栓系统分别设置消防水池,并用 DN300 的管道连通,水池有效水深 3m,室内消火栓水泵扬程 84m,室内外消火栓系统均采用环状管网。

根据该建筑物业管理的记录,稳压泵启动次数 20 次/h。

根据以上材料,回答下列问题(共 18 分,每题 2 分,每题的备选项中,有 2 个或 2 个以上符合题意,至少有一个错项。错选,本题不得分;少选,所选的每个选项得 0.5 分)。

【题1】该建筑消防给水及消火栓系统的下列设计方案中,符合规范的有(　　)。
A. 室内外消火栓系统合用消防水池
B. 室内消火栓系采用由高位水箱稳压的临时高压消防给水系统
C. 室内外消火栓系统分别设置独立的消防给水管网系统
D. 室内消火栓系统设置气压罐,不设水锤消除设施
E. 室内消火栓系统采用由稳压泵稳压的临时高压消防给水系统

【参考答案】ACE
【命题思路】
本题主要通过背景材料的描述,考查考生对消防给水及消火栓系统设计方案的了解,需要从背景资料中找出符合规范的相关描述。
【解题分析】
题干中"室内外消火栓系统分别设置消防水池,并用 DN300 的管道连通"故 A 项正确。

该题背景介绍室内消火栓设置了稳压泵和消防水泵,故 B 错误、E 正确。

《消防给水及消火栓系统技术规范》GB 50974—2014 第 8.3.3 条规定,消防水泵出水管上的止回阀宜采水锤消除止回阀,当消防水泵供水高度超过 24m 时,应采用水锤消除器。当消防水泵出水管上设有囊式气压水罐时,可不设水锤消除设施。

D 项仅提到设置气压罐,并未说明为囊式气压水管,且为说明安装位置,因此不能判定可不设水锤消除设施,错误。

《消防给水及消火栓系统技术规范》图示(15S909)第 6.16 条规定,室外消防管网压力不宜太高,不大于 0.5MPa。该室内消火栓水泵扬程为 84m,扬程过大,不宜与室外消

防栓系统共用。

故 C 正确。

【题 2】该建筑室内消火栓的下列设计方案中，正确的有（　　）。

　　A. 室内消火栓栓口动压不小于 0.35MPa，消防水枪充实水柱按 13m 计算

　　B. 消防电梯前室未设置室内消火栓

　　C. 室内消火栓的最小保护半径为 29.23m，消火栓的间距不大于 30m

　　D. 室内消火栓均采用减压稳压消火栓

　　E. 屋顶试验消火栓设在水箱间

【参考答案】ACE

【命题思路】

本题主要通过背景材料的描述，考查考生对室内消火栓系统设计要求的了解，需要从背景资料中找出符合规范的相关描述。

【解题分析】

《消防给水及消火栓系统技术规范》GB 50974—2014 第 7.4.12 条规定，室内消火栓栓口压力和消防水枪充实水柱，应符合下列规定：（2）高层建筑、厂房、库房和室内净空高度超过 8m 的民用建筑等场所，消火栓栓口动压不应小于 0.35MPa，且消防水枪充实水柱应按 13m 计算；其他场所，消火栓栓口动压不应小于 0.25MPa，且消防水枪充实水柱应按 10m 计算。该建筑高度 35m，属于高层建筑，室内消火栓栓口动压不小于 0.35MPa，消防水枪充实水柱按 13m 计算。

故 A 项正确。

第 7.4.5 条规定，消防电梯前室应设置室内消火栓，并应计入消火栓使用数量。

故 B 项错误。

《中国消防手册》第 6 卷，室内消火栓保护半径 R 可按 $R=L_d+L_s$。其中 R 为消火栓保护半径、L_d 为水带敷设长度，考虑水带的转弯曲折，应为水带长度乘以折减系数 0.8；L_s 为水枪充实水柱长度 S_k 的平面投影长度；水枪倾角一般按 45°计算。

则 $L_s=0.71S_k$，经过计算 $R=0.8\times25+0.71\times13=29.23m$，故 C 项正确。

《消防给水及消火栓系统技术规范》GB 50974—2014 第 7.4.12 条规定，室内消火栓栓口压力和消防水枪充实水柱，应符合下列规定：（1）消火栓栓门动压力不应大于 0.50MPa；当大于 0.70MPa 时必须设置减压装置。室内压力大于 0.7MPa 的室内消火栓才需要采用减压稳压型消火栓。

故 D 错误。

《消防给水及消火栓系统技术规范》GB 50974—2014 第 7.4.9 条规定，设有室内消火栓的建筑应设置带有压力表的试验消火栓，其设置位置应符合下列规定：（1）多层和高层建筑应在其屋顶设置，严寒、寒冷等冬季结冰地区可设置在顶层出口处或水箱间内等便于操作和防冻的位置。该地区位于华北，属于寒冷地区，屋顶试验消火栓设在水箱间。

故 E 项正确。

【题 3】该建筑室内消火栓系统的下列设计方案中，不符合相关规范的有（　　）。

　　A. 室内消火栓系统采用一个供水分区

　　B. 室内消火栓水泵出水管设置低压压力开关

C. 消防水泵采用离心式水泵
D. 每台消防水泵在消防泵房内设置一套流量和压力测试装置
E. 消防水泵接合器沿幕墙设置

【参考答案】DE

【命题思路】

本题主要通过背景材料的描述，考查考生对室内消火栓系统设计要求的了解，需要从背景资料中找出不符合规范的相关描述。

【解题分析】

《消防给水及消火栓系统技术规范》GB 50974—2014 第 6.2.1 条规定，符合下列条件时，消防给水系统应分区供水：(1) 系统工作压力大于 2.40MPa；(2) 消火栓栓口处静压大于 1.0MPa；(3) 自动水灭火系统报警阀处的工作压力大于 1.60MPa 或喷头处的工作压力大于 1.20MPa。根据题干消火栓扬程和建筑高度，系统的工作压力及静压不需要分区供水，故室内消火栓系统采用一个供水分区。

A 项符合规范要求。

《消防给水及消火栓系统技术规范（条文说明）》GB 50974—2014 第 13.1.11 条（2）规定，在消防水泵房内打开试验排水管，管网压力降低。消防水泵出水干管上低压压力开关动作，自动启动消防水泵；消防给水系统的试验管放水或高位消防水箱排水管放水，高位消防水箱出水管上的流量开关动作自动启动消防水泵。室内消火栓水泵出水管设置低压压力开关符合规范要求。

故 B 项符合规范规定。

《消防给水及消火栓系统技术规范》GB 50974—2014 第 5.1.5 条规定，当消防水泵采用离心泵时，泵的形式宜根据流量、扬程、气蚀余量、功率和效率、转速、噪声，以及安装场所的环境要求等因素综合确定。

故 C 项符合规范规定。

《消防给水及消火栓系统技术规范》GB 50974—2014 第 5.1.11 条规定，一组消防水泵应在消防水泵房内设置流量和压力测试装置。流量和压力测试装置同一组水泵可以共用，每台水泵设置不经济。

故 D 项不符合规范。

《消防给水及消火栓系统技术规范》GB 50974—2014 第 5.4.8 条规定，墙壁消防水泵接合器的安装高度距地面宜为 0.70m；与墙面上的门、窗、孔、洞的净距离不应小于 2.0m，且不应安装在玻璃幕墙下方；地下消防水泵接合器的安装，应使进水口与井盖底面的距离不大于 0.40m，且不应小于井盖的半径。消防水泵接合器不应设置在玻璃幕墙下方。

故 E 项不符合规范要求。

【题4】该建筑供水设施的下列设计方案中，正确的有（　　）。

A. 高位消防水箱间采用采暖防冻措施，室内温度设计为 10℃
B. 高位消防水箱材质采用钢筋混凝土材料
C. 高位消防水箱的设计有效容量为 50m³
D. 高位消防水箱的进、出水管道上的阀门采用信号阀门

E. 屋顶水箱间设置高位水箱和稳压泵，稳压泵流量为0.5L/s

【参考答案】ABCD

【命题思路】

本题主要考查供水设施的相关要求，需要结合背景材料对正确的供水设施设计进行分析。

【解题分析】

《消防给水及消火栓系统技术规范》GB 50974—2014 第5.2.5条规定，高位消防水箱间应通风良好，不应结冰，当必须设置在严寒、寒冷等冬季结冰地区的非采暖房间时，应采取防冻措施，环境温度或水温不应低于5℃。

故A项正确。

《消防给水及消火栓系统技术规范》GB 50974—2014 第5.2.3条规定，高位消防水箱可采用热浸锌镀锌钢板、钢筋混凝土、不锈钢板等建造。

故B项正确。

《消防给水及消火栓系统技术规范》GB 50974—2014 第5.2.1条规定了高位水箱有效容积。该建筑地上总建筑面积41411m²，1~5层为商场，经计算，商场的面积约为29000~30000m²，且地下1层为仓储式超市，商店部分总建筑面积大于30000m²，因此至少设置50m³高位消防水箱；建筑高度为35m，属于二类高层公共建筑至少需要18m³。综合至少需要50m³的高位消防水箱。

故C项正确。

《消防给水及消火栓系统技术规范》GB 50974—2014 第5.2.6条规定，高位消防水箱应符合下列规定：(11) 高位消防水箱的进、出水管应设置带有指示启闭装置的阀门。

故D项正确。

《消防给水及消火栓系统技术规范》GB 50974—2014 第5.3.2条规定，稳压泵的设计流量应符合下列规定：(2) 消防给水系统管网的正常泄漏量应根据管道材质、接口形式等确定，当没有管网泄漏量数据时，稳压泵的设计流量宜按消防给水设计流量的1‰~3‰计，且不宜小于1L/s。

故E项错误。

【题5】该建筑消火栓水泵控制的下列设计方案中，不符合相关规范的有（　　）。

A. 消防水泵由高位水箱出水管道上的流量开关信号直接自动启停控制

B. 火灾时消防水泵工频直接启动，并保持工频运行消防水泵

C. 消防水泵由报警阀压力开关信号直接自动启停控制

D. 消防水泵就地设置有保护装置的启停控制按钮

E. 消火栓按钮信号直接启动消防水泵

【考答案】ACE

【命题思路】

本题主要考查消火栓水泵控制的相关要求。需要掌握《消防给水及消火栓系统技术规范》关于消火栓水泵控制的要求。

【解题分析】

《消防给水及消火栓系统技术规范》GB 50974—2014 第11.0.2条规定，消防水泵不

应设置自动停泵的控制功能，停泵应由具有管理权限的工作人员根据火灾扑救情况确定。

故 A、C 项不符合规范要求。

《消防给水及消火栓系统技术规范》GB 50974—2014 第 11.0.14 条规定，火灾时消防水泵应工频运行，消防水泵应工频直接启泵；当功率较大时，宜采用星三角和自耦降压变压器启动，不应采用有源器件启动。消防水泵准工作状态的自动巡检应采用变频运行，定期人工巡检应工频满负荷运行并出流。消防水泵不应采用变频启动方式，可以采用工频启动。

故 B 项符合规范要求。

《消防给水及消火栓系统技术规范》GB 50974—2014 第 11.0.8 条规定，消防水泵、稳压泵应设置就地强制启停泵按钮，并应有保护装置。

故 D 项符合规范要求。

《消防给水及消火栓系统技术规范》GB 50974—2014 第 11.0.19 条规定，消火栓按钮不宜作为直接启动消防水泵的开关，但可作为发出报警信号的开关或启动干式消火栓系统的快速启闭装置等。

故 E 项不符合规范要求。

【题6】确定该建筑消防水泵主要技术参数时，应考虑的因素有（　　）。

A. 室内消火栓设计流量

B. 室内消火栓管道管径

C. 消防水泵的抗震技术措施

D. 消防水泵控制模式

E. 实验用消火栓标高和消防水池水位标高

【参考答案】AE

【命题思路】

本题主要考查设计时，确定消防泵的主要技术参数的影响因素。

【解题分析】

《消防给水及消火栓系统技术规范》GB 50974—2014 第 5.1.1 条规定，消防水泵宜根据可靠性、安装场所、消防水源、消防给水设计流量和扬程等综合因素确定水泵的型式，水泵驱动器宜采用电动机或柴油机直接传动，消防水泵不应采用双电动机或基于柴油机等组成的双动力驱动水泵。

故答案选 A、E。

【题7】该建筑室内消火栓系统稳压泵出现频繁启停的原因有（　　）。

A. 管网漏水量超过设计值

B. 稳压泵配套气压水罐有效储水 200L

C. 压力开关或控制柜失灵

D. 稳压泵设在屋顶

E. 稳压泵选型不当

【参考答案】ACE

【命题思路】

本题主要考查消火栓系统稳压泵出现频繁启停的原因，考生需要对稳压泵的主要作用、工作原理等有所掌握，才能较好地分析其频繁启停的原因。

【解题分析】

管网漏水量超过设计值时，稳压泵会出现频繁启动，故 A 项正确。压力开关或控制柜失灵会导致稳压泵不受其控制，有可能出现频繁启动的现象，故 C 项正确。稳压泵选型不当，当流量选择值不符合设计规定时，有可能出现频繁启动，故 E 项正确。B、D 项的设置都是符合规范要求的，故不选。

【题 8】建筑消火栓系统施工的做法正确的有（　　）。

　　A. 消火水泵控制阀采用沟槽式阀门或法兰式阀门
　　B. 钢丝网骨架塑料复合管的钢塑过渡接头钢管端与钢管采用焊接连接
　　C. 室内消火栓管道的热浸镀锌钢管采用法兰连接时二次镀锌
　　D. 室内消火栓架空管道采用钢丝网骨架塑料复合管
　　E. 吸水管水平管段变径连接时，采用偏心异径管件并采用管顶平接

【参考答案】AE

【命题思路】

本题主要考查消火栓系统施工的相关要求。

【解题分析】

《消防给水及消火栓系统技术规范》GB 50974—2014 第 12.3.2 条规定，消防水泵的安装应符合下列要求：(5) 消防水泵吸水管上的控制阀应在消防水泵固定于基础上后再进行安装，其直径不应小于消防水泵吸水口直径，且不应采用没有可靠锁定装置的控制阀，控制阀应采用沟槽式或法兰式阀门。

故 A 项正确。

《消防给水及消火栓系统技术规范》GB 50974—2014 第 8.2.7 条规定，埋地管道采用钢丝网骨架塑料复合管时应符合下列规定：(5) 管材及连接管件应采用同一品牌产品，连接方式应采用可靠的电熔连接或机械连接。

故 B 项错误。

第 12.3.11 条规定，当管道采用螺纹、法兰、承插、卡压等方式连接时，应符合下列要求：(4) 当热浸镀锌钢管采用法兰连接时应选用螺纹法兰，当必须焊接连接时，法兰焊接应符合现行国家标准的有关规定。焊接法兰需要采用二次镀锌，螺纹法兰不需要二次镀锌。

故 C 项错误。

第 8.2.4 条规定，埋地管道宜采用球墨铸铁管、钢丝网骨架塑料复合管和加强防腐的钢管等管材，室内外架空管道应采用热浸锌镀锌钢管等金属管材。

故 D 项错误。

第 12.3.2 条规定，消防水泵的安装应符合下列要求：(7) 吸水管水平管段上不应有气囊和漏气现象。变径连接时，应采用偏心异径管件并应采用管顶平接。

故 E 项正确。

【题 9】该建筑消防供水的下列设计方案中，不符合规范的有（　　）。

　　A. 距该建筑 18m 处，设置消防水池取水口
　　B. 消防水池水泵房设在地下一层

C. 消防水池地面与室外地面高差 8m

D. 将距建筑物外缘 5~150m 范围内的 3 个市政消火栓计入建筑的室外消火栓数量

E. 室外消火栓采用湿式地上式消火栓

【参考答案】CDE

【命题思路】

本题主要考查建筑消防供水的主要设计要求。

【解题分析】

《消防给水及消火栓系统技术规范》GB 50974—2014 第 4.3.7 条规定，储存室外消防用水的消防水池或供消防车取水的消防水池，应符合下列规定：(1) 消防水池应设置取水口（井），且吸水高度不应大于 6.0m；(2) 取水口（井）与建筑物（水泵房除外）的距离不宜小于 15m。

故 A 项符合规范；C 项不符合规范。

第 5.5.12 条规定，消防水泵房应符合下列规定：(2) 附设在建筑物内的消防水泵房，不应设置在地下三层及以下，或室内地面与室外出入口地坪高差大于 10m 的地下楼层。

故 B 项符合规范。

第 6.1.5 条规定，当市政给水管网为枝状时，计入建筑的室外消火栓设计流量不宜超过一个市政消火栓的出流量。该建筑消防给水由市政支状供水管引入 1 条 DN150 的管道供给，故 5~150m 范围内的市政消火栓最多只能计入 1 个。

故 D 项不符合。

该地区位于华北，属于寒冷地区。第 7.1.5 条规定，严寒、寒冷等冬季结冰地区城市隧道及其他构筑物的消火栓系统，应采取防冻措施，并宜采用干式消火栓系统和干式室外消火栓。

故 E 项不符合规范。

第二题

某企业的食品加工厂房，建筑高度 8.5m，建筑面积 2130m²。主体单层，局部二层。厂房屋顶承重构件为钢结构，屋面板为聚氨酯夹芯彩钢板，外墙 1.8m 以下为砖墙，砖墙至屋檐为聚氨酯夹芯彩钢板。厂房内设有室内消火栓系统。厂房一层为熟食车间，设有烘烤、蒸煮、预冷等工序；二层为倒班宿舍，熟食车间炭烤炉正上方设置不锈钢材质排烟罩，炭烤时热烟气经排烟道由排风机排出屋面。

2017 年 11 月 5 日 6：00，该厂房发生火灾。最先发现起火的值班人员赵某准备报警，被同时发现火灾的车间主任王某阻止。王某遂与赵某等人使用灭火器进行扑救，发现灭火器失效后，又使用室内消火栓进行灭火，但消火栓无水，火势越来越大，王某与现场人员撤离车间，撤离后先向副总经理汇报再拨打 119 报警，因紧张，未说清起火厂房的具体位置，也未留下报警人姓名，消防部门接到群众报警后，迅速到达火场，2 小时后大火被扑灭。

此次火灾事故过火面积约 900m³，造成倒班宿舍内 5 名员工死亡，4 名员工受伤。经济损失约 160 万元。经调查询问、现场勘查、综合分析，认定起火原因系生炭工刘某为加速炭烤炉升温，向已点燃的炭烤炉倒入汽油，瞬间火焰窜起，导致排烟管道内油垢起火，引燃厂房屋面彩钢板聚氨酯保温层，火势迅速蔓延。调查还发现，该车间生产有季节性，高峰期有工人156人，企业总经理为法定代表人，副总经理负责消防安全管理工作，消防部门曾责令将倒班宿舍搬出厂房，拆除聚氨酯保温层板，企业总经理拒不执行；该企业未依法建立消防组织机构，消防安全管理制度不健全，未对员工进行必要的消防安全培训；虽然制定了灭火和应急疏散预案，但从未组织过消防演练；排烟管道使用多年，从未检查和清洗保养。

根据以上材料，回答下列问题（共18分，每题2分，每题的备选项中，有2个或2个以上符合题意，至少有一个错项。错选，本题不得分；少选，所选的每个选项得0.5分）。

【题1】根据《中华人民共和国刑法》《中华人民共和国消防法》，下列对当事人的处理方案正确的有（　　）。

A. 生炭工刘某犯有失火罪，处三年有期徒刑
B. 对值班人员赵某处五百元罚款
C. 对车间主任王某处十日拘留，并处五百元罚款
D. 该企业总经理犯有消防责任事故罪，处三年有期徒刑
E. 该企业副总经理犯有消防责任事故罪，处三年有期徒刑

【参考答案】ACD

【命题思路】

本题主要考查《刑法》《消防法》对火灾事故责任人的处理，需要熟悉对失火罪、消防责任事故罪等犯罪行为的处罚规定。

【解题分析】

《中华人民共和国刑法》第一百一十五条规定，放火、决水、爆炸以及投放毒害性、放射性、传染病病原体等物质或者以其他危险方法致人重伤、死亡或者使公私财产遭受重大损失的，处十年以上有期徒刑、无期徒刑或者死刑。过失犯前款罪的，处三年以上七年以下有期徒刑；情节较轻的，处三年以下有期徒刑或者拘役。

背景材料中生炭工刘某因失误导致发生火灾，因此A项正确。

第一百三十九条规定，消防责任事故罪，违反消防管理法规，经消防监督机构通知采取改正措施而拒绝执行，造成严重后果的，对直接责任人员，处三年以下有期徒刑或者拘役；后果特别严重的，处三年以上七年以下有期徒刑。

本题中背景材料提到"消防部门曾责令将倒班宿舍搬出厂房，拆除聚氨酯保温层板，企业总经理拒不执行"，导致引发了该起火灾事故，因此总经理犯了消防责任事故罪，副总经理没有犯。故D项正确、E项错误。（第九十九条，本法所称以上、以下、以内，包括本数）

《中华人民共和国消防法》第六十四条规定，有下列行为之一，尚不构成犯罪的，处十日以上十五日以下拘留，可以并处五百元以下罚款；情节较轻的，处警告或者五百元以下罚款：（三）在火灾发生后阻拦报警，或者负有报告职责的人员不及时报警的。

背景材料中提到"赵某准备报警，被同时发现火灾的车间主任王某阻止"，因此B项错误，C项正确。

【题 2】根据《中华人民共和国消防法》和《机关、团体、企业、事业单位消防安全管理规定》（公安部 61 号令），关于该企业的说法，正确的有（   ）。

    A. 该企业不属于消防安全重点单位

    B. 该企业属于消防安全重点单位

    C. 该企业总经理是消防安全责任人

    D. 该企业副总经理是消防安全责任人

    E. 该企业副总经理是消防安全管理人

【参考答案】BCE

【命题思路】

    本题重点考查消防安全重点单位的界定以及单位的消防安全责任人和管理人的相关要求，其中背景材料中的企业是否为重点单位是解题的关键点。

【解题分析】

    《机关、团体、企业、事业单位消防安全管理规定》（公安部 61 号令）第十三条规定，服装、制鞋等劳动密集型生产、加工企业是消防安全重点单位；另外《消防安全重点单位界定标准》（公安部公通字［2001］97 号）对劳动密集型企业做出了量化规定，即第九条规定：生产车间员工在 100 人以上的服装、鞋帽、玩具等属于劳动密集型企业。

    背景材料给出该企业"高峰期有工人 156 人"，因此属于劳动密集型企业，是消防安全重点单位。故 B 正确、A 错误。

    《机关、团体、企业、事业单位消防安全管理规定》（公安部 61 号令）第四条规定：法人单位的法定代表人或者非法人单位的主要负责人是单位的消防安全责任人，对本单位的消防安全工作全面负责。

    根据背景"企业总经理为法定代表人，副总经理负责消防安全管理工作"，故总经理是消防安全责任人，企业副总经理是消防安全管理人。故 C、E 项正确，D 项错误。

【题 3】在火灾处置上，车间主任王某违反《中华人民共和国消防法》和《机关、团体、企业、事业单位消防安全管理规定》（公安部令第 61 号）的行为有（   ）。

    A. 发现火灾时未及时组织、引导在场人员疏散

    B. 发现火灾时未及时报警

    C. 撤离现场后先向副总经理报告再拨 119 报案

    D. 报警时未说明起火部位，未留下姓名

    E. 组织人员灭火，但未能将火扑灭

【参考答案】BCD

【命题思路】

    该题主要考查《中华人民共和国消防法》《机关、团体、企业、事业单位消防安全管理规定》（公安部 61 号令）等法规对于火灾中相关人员引导疏散、报警、组织灭火等方面的行为规定。

【解题分析】

    《中华人民共和国消防法》第四十四条规定，任何人发现火灾都应当立即报警，该场所的现场工作人员应当立即组织、引导在场人员疏散。

    背景"王某与现场人员撤离车间"，因此王某在组织人员撤离方面未明显违反消防法，

故 A 项错误。

背景"撤离后先向副总经理汇报再拨打 119 报警",因此王某并未及时报警,其行为违反了消防法关于报警的相关规定,故 B、C 项正确。

《消防控制室通用技术要求》GB 25506—2010 第 4.2.2 条规定,消防控制室的值班应急程序应符合下列要求:b) 火灾确认后,值班人员应立即确认火灾报警联动控制开关处于自动状态,同时拨打"119"报警,报警时应说明着火单位地点、起火部位、着火物种类、火势大小、报警人姓名和联系电话。故 D 项正确。

背景资料中未体现王某组织其他人员灭火的行为,且即使组织灭火但未将火扑灭,只要其行为符合相关规定,也不违反《消防法》,故 E 项错误。

【题 4】火灾发生前,该厂房存在直接或综合判定的重大火灾隐患要素的有(　　)。
   A. 车间内设有倒班宿舍
   B. 倒班宿舍使用聚氨酯泡沫金属夹芯板材
   C. 消防设施日常维护管理不善,灭火器失效,消火栓无水
   D. 排烟管道从未检查、清洗
   E. 未设置企业专职消防队

【参考答案】ABCE

【命题思路】

该题主要考查《重大火灾隐患判定方法》GB 35181—2017 的相关规定,考生需要对重大火灾隐患判定的要素充分掌握。

【解题分析】

《重大火灾隐患判定方法》GB 35181—2017 第 7.1.3 条规定,在厂房、库房、商场中设置员工宿舍,或是在居住等民用建筑中从事生产、储存、经营等活动,且不符合GA703 的规定。

A 项正确。

第 6.10 条规定,人员密集场所的居住场所采用彩钢夹芯板搭建,且彩钢夹芯板芯材的燃烧性能等级低于 GB 8624 规定的 A 级的。

B 项正确。

第 7.4.2 条规定,未按国家工程建设消防技术标准的规定设置室外消防给水系统,或已设置但不符合标准的规定或不能正常使用的。

C 项正确。

《重大火灾隐患判定方法》GB 35181—2017 并未规定排烟管的检查和清洗。

D 项不正确。

第 7.8.1 条规定,社会单位未按消防法律法规要求设置专职消防队的。

E 项正确。

【题 5】依据《中华人民共和国消防法》对该企业消火栓无水、灭火器失效的情形,处罚正确的有(　　)。
   A. 责令改正并处五千元罚款　　B. 责令改正并处三千元罚款
   C. 责令改正并处四千元罚款　　D. 责令改正并处五万元罚款
   E. 责令改正并处六万元罚款

【参考答案】AD
【命题思路】
本题主要考查《中华人民共和国消防法》对于违反行为的相关处罚规定,具体主要考查对消防设施维护管理不到位导致消防设施失效情况的处罚。
【解题分析】
《中华人民共和国消防法》第六十条规定,单位违反本法规定,有下列行为之一的,责令改正,处五千元以上五万元以下罚款:
(一)消防设施、器材或者消防安全标志的配置、设置不符合国家标准、行业标准,或者未保持完好有效的;
(二)损坏、挪用或者擅自拆除、停用消防设施、器材的;
(三)占用、堵塞、封闭疏散通道、安全出口或者有其他妨碍安全疏散行为的;
(四)埋压、圈占、遮挡消火栓或者占用防火间距的;
(五)占用、堵塞、封闭消防车通道,妨碍消防车通行的;
(六)人员密集场所在门窗上设影响逃生和灭火救援的障碍物的;
(七)对火灾隐患经公安机关消防机构通知后不及时采取措施消除的。
个人有前款第二项、第三项、第四项、第五项行为之一的,处警告或者五百元以下罚款。有本条第一款第三项、第四项、第五项、第六项行为,经责令改正拒不改正的,强制执行,所需费用由违法行为人承担。
该企业消火栓无水、灭火器失效违反了本条第一项,因此可以处五千元以上五万元以下罚款,选项中A、D在该范围内,因此为正确选项。

【题6】根据《机关、团体、企业、事业单位消防安全管理规定》(公安部令第61号),该企业制定的灭火和应急疏散预案中,组织机构应包括(   )。

A. 疏散引导组　　　　　　B. 安全防护救护组
C. 灭火行动组　　　　　　D. 物资抢救组
E. 通信联络组

【参考答案】ABCE
【命题思路】
本题主要考查《机关、团体、企业、事业单位消防安全管理规定》(公安部第61号令)对灭火和应急疏散预案的相关规定,主要考查其组织机构的组成。
【解题分析】
《机关、团体、企业、事业单位消防安全管理规定》(公安部第61号令)第三十九条规定,消防安全重点单位制定的灭火和应急疏散预案应当包括下列内容:
(一)组织机构,包括:灭火行动组、通信联络组、疏散引导组、安全防护救护组;
(二)报警和接警处置程序;
(三)应急疏散的组织程序和措施;
(四)扑救初起火灾的程序和措施;
(五)通信联络、安全防护救护的程序和措施。
该条规定第一项,应急预案的组织机构包括:灭火行动组、通信联络组、疏散引导组、安全防护救护组,并不包括物资抢救组,故A、B、C、E项正确。

【题 7】根据《机关、团体、企业、事业单位消防安全管理规定》(公安部令第 61 号),该企业应对每名员工进行消防培训,培训内容应包括(　　)。

A. 消防法规、消防安全制度和消防安全操作规程
B. 食品生产企业的火灾危险性和防火措施
C. 消火栓的使用方法
D. 初期火灾的报警、扑救及火场逃生技能
E. 灭火器的制造原理

【参考答案】ABCD
【命题思路】

本题主要考查《机关、团体、企业、事业单位消防安全管理规定》(公安部第 61 号令)对消防安全培训内容的规定。

【解题分析】

《机关、团体、企业、事业单位消防安全管理规定》(公安部第 61 号令)第三十六条规定,单位应当通过多种形式开展经常性的消防安全宣传教育。消防安全重点单位对每名员工应当至少每年进行一次消防安全培训。宣传教育和培训内容应当包括:

(一)有关消防法规、消防安全制度和保障消防安全的操作规程;
(二)本单位、本岗位的火灾危险性和防火措施;
(三)有关消防设施的性能、灭火器材的使用方法;
(四)报火警、扑救初起火灾以及自救逃生的知识和技能。

故 A、B、C、D 项正确,灭火器的制造不需要普通人掌握,因此 E 项不正确。

【题 8】根据《机关、团体、企业、事业单位安全管理规定》(公安部令第 61 号),该企业总经理应当履行的消防安全职责有(　　)。

A. 批准实施消防安全制度和保障消防安全的操作规程
B. 拟订消防安全工作资金投入上报公司董事会批准
C. 指导本企业的消防安全管理人开展防火检查
D. 组织制定灭火和应急疏散预案,并实施演练
E. 统筹安排本单位的生产、经营、管理、消防工作

【参考答案】ADE
【命题思路】

本题主要考查《机关、团体、企业、事业单位消防安全管理规定》(公安部第 61 号令)对企业消防安全责任人的职责规定。

【解题分析】

该企业的法人代表为总经理,因此总经理为消防安全责任人。根据《机关、团体、企业、事业单位安全管理规定》(公安部第 61 号令)第六条规定,单位的消防安全责任人应当履行下列消防安全职责:

(一)贯彻执行消防法规,保障单位消防安全符合规定,掌握本单位的消防安全情况;
(二)将消防工作与本单位的生产、科研、经营、管理等活动统筹安排,批准实施年度消防工作计划;
(三)为本单位的消防安全提供必要的经费和组织保障;

（四）确定逐级消防安全责任，批准实施消防安全制度和保障消防安全的操作规程；

（五）组织防火检查，督促落实火灾隐患整改，及时处理涉及消防安全的重大问题；

（六）根据消防法规的规定建立专职消防队、义务消防队；

（七）组织制定符合本单位实际的灭火和应急疏散预案，并实施演练。

故 A、D、E 项正确。

【题9】根据《机关、团体、企业、事业单位消防安全管理规定》（公安部令第61号），关于该企业消防安全管理的说法，正确的有（　　）。

　　A. 该企业应报当地消防部门备案

　　B. 该企业的总经理、副总经理应报当地消防部门备案

　　C. 该企业的总经理，负责消防安全管理的副总经理应报当地消防部门备案

　　D. 该企业的灭火、应急疏散预案应报当地消防门备案

　　E. 对于消防部门责令限期改正的火灾隐患，该企业应在规定期限内消除，将情况报告消防部门

【参考答案】ACE

【命题思路】

本题主要考查《机关、团体、企业、事业单位消防安全管理规定》（公安部第61号令）对企业消防安全管理人员以及火灾隐患等内容的规定。

【解题分析】

《中华人民共和国消防法》第十七条规定：县级以上地方人民政府消防救援机构应当将发生火灾可能性较大以及发生火灾可能造成重大的人身伤亡或者财产损失的单位，确定为本行政区域内的消防安全重点单位，并由应急管理部门报本级人民政府备案。

该企业作为消防安全重点单位（详见【题2】解题分析）应报当地消防部分备案。故A正确。

《机关、团体、企业、事业单位消防安全管理规定》（公安部第61号令）第十四条规定，消防安全重点单位及其消防安全责任人、消防安全管理人应当报当地公安消防机构备案。

需要注意的是一个企业的副总经理可能不止一个，因此C项表述准确，B项错误。

应急预案属于企业内部管理方法，第61号令未明确要求需要备案；故D项错误。

第三十五条规定，对公安消防机构责令限期改正的火灾隐患，单位应当在规定的期限内改正并写出火灾隐患整改复函，报送公安消防机构。

E项正确。

第三题

消防技术服务机构对东北地区某公司的高架成品仓库开展消防设施维保工作，该仓库建筑高度24m，建筑面积4590m^2，储存物品为单层机涂布白板纸成品，业主介绍，仓库内曾安装干式自动喷水灭火系统，后改为由火灾自动报警系统和充气管道上设置的压力开关联动开启的预作用自动喷水灭火系统，该仓库的高位消防水箱、消防水池以及消防水泵的设置符合现行国家消防技术标准规定。检测中发现：

1. 仓库顶板下设置了早期抑制快速响应喷头，自地面起每4m设置一层货架内置洒水

喷头，最高层货架内置洒水喷头与储存货物顶部的距离为3.85m。

2. 确认火灾报警控制器（联动型）、消防水泵控制柜均处于自动状态后，检查人员触发防护区内的一个火灾探测器，并手动开启预作用阀组上的试验排气阀，仅火灾报警控制器（联动型）发出声光报警信号，系统的其他部件及消防水泵均未动作。

3. 检测人员关闭作用阀组上的排气阀后再次触发另一火灾探测器，电磁阀、排气阀入口处电动阀、报警阀组压力开关等部件动作，消防水泵启动，火灾报警控制器（联动型）接收反馈信号正常。

4. 火灾报警及联动控制信号发出后2min，检查末端试水装置，先是仅有气体排出，50s后出现断续水流。

根据以上材料，回答下列问题（共20分）。

【题1】该仓库顶板下的喷头选型是否正确？简要说明理由。
【参考答案】
该仓库采用的预作用自动喷水灭火系统，在顶板下设置早期抑制快速喷头，不正确。

理由：《自动喷水灭火系统设计规范》GB 50084—2017第4.2.7条规定，当采用早期抑制快速响应喷头时，系统应为湿式系统。第6.1.4条规定，干式系统、预作用系统应采用直立型洒水喷头或干式下垂型洒水喷头。

【命题思路】
该题主要考查系统类型与洒水喷头的选择问题。
【解题分析】
《自动喷水灭火系统设计规范》GB 50084—2017第4.2.7条规定，当采用早期抑制快速响应喷头时，系统应为湿式系统。

预作用系统不是湿式系统，因此该仓库的喷头选型有误。

【题2】该仓库货架内置洒水喷头的设置是否正确？为什么？
【参考答案】
该仓库储存物品为单层机涂布白板纸成品，火灾危险性属于仓库危险级Ⅱ级。"自地面起每4.0m设置一层货架内置洒水喷头，最高层货架内置洒水喷头与储物顶部的距离为3.85m"，洒水喷头的设置不正确。

理由：《自动喷水灭火系统设计规范》GB 50084—2017第5.0.8条规定，仓库危险级Ⅰ级、Ⅱ级场所应在自地面起每3.0m设置一层货架内置洒水喷头，仓库危险级Ⅲ级场所应在自地面起每1.5～3.0m设置一层货架内置洒水喷头，且最高层货架内置洒水喷头与储物顶部的距离不应超过3.0m。

而该仓库"自地面起每4.0m设置一层货架内置洒水喷头，最高层货架内置洒水喷头与储物顶部的距离为3.85m"。

【命题思路】
该题主要考查高架仓库内洒水喷头布置高度和每层布置间距的要求。
【解题分析】
《自动喷水灭火系统设计规范》GB 50084—2017第5.0.8条规定，货架仓库的最大净空高度或最大储物高度超过本规范第5.0.5条的规定时，应设货架内置洒水喷头，且货架内置洒水喷头上方的层间隔板应为实层板。货架内置洒水喷头的设置应符合下列规定：

1 仓库危险级Ⅰ级、Ⅱ级场所应在自地面起每3.0m设置一层货架内置洒水喷头，仓库危险级Ⅲ级场所应在自地面起每1.5～3.0m设置一层货架内置洒水喷头，且最高层货架内置洒水喷头与储物顶部的距离不应超过3.0m。

根据上述要求可进行作答。

【题3】预作用自动喷水灭火系统的实际开启方式与业主介绍的是否一致？这种方式合理吗？为什么？

【参考答案】

实际开启方式与业主介绍的不一致。理由：背景资料中检测时实际的开启方式是火灾自动报警系统（通过火灾探测器）直接控制的预作用系统，而业主介绍的是由火灾自动报警系统和充气管道上设置的压力开关控制联动开启预作用系统。

实际开启方式不合理。理由：预作用系统应该在接收到一组探测器信号即两个感烟火灾探测器后启动雨淋阀并对管道冲水，转为湿式系统，一只喷头破裂后系统进入工作状态。

【命题思路】

该题通过背景材料提供的业主描述和实际检测时的预作用系统的动作情况，主要考查了预作用自动喷水灭火系统的启动方式。

【解题分析】

预作用自动喷水灭火系统处于准工作状态时，由消防水箱或稳压泵、气压给水设备等稳压设施维持雨淋阀入口前管道内充水的压力，雨淋阀后的管道内平时无水或充以有压气

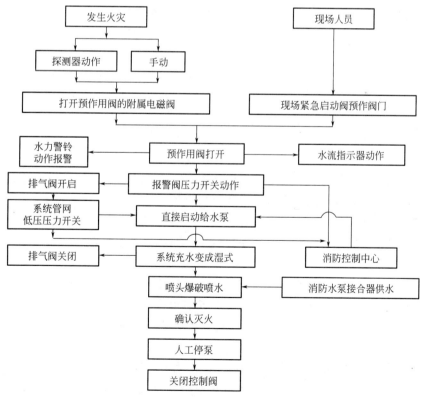

预作用系统原理图

体。发生火灾时，由火灾自动报警系统自动开启雨淋报警阀，配水管道开始排气充水，使系统在闭式喷头动作前转换成湿式系统，并在闭式喷头开启后立即喷水。预作用系统的工作原理见下图。

【题4】除启泵外，对该仓库预作用自动喷水灭火系统至少应检测哪些内容？

【参考答案】

《建筑消防设施检测技术规程》GA 503—2004 第 4.6.5.3 条规定，预作用系统还应检测的内容有：

(1) 模拟火灾探测报警，火灾报警控制器确认火灾后，自动启动雨淋阀、排气阀入口电动以及消防水泵水流指示器、压力开关、流量开关动作。

(2) 报警阀组动作后，测试水力警铃声强，距水力警铃 3m 远处的声压级不应低于 70dB。

(3) 火灾报警控制器确认火灾后 2min，末端试水装置的出水压力不应低于 0.05MPa。

(4) 消防控制设备应显示电磁阀、电动阀、水流指示器及消防水泵的反馈信号。

【命题思路】

该题主要考查预作用系统检测时应该检测的主要内容，需要考生对预作用系统的维保和检测内容有所了解，并掌握主要的检测内容。

【解题分析】

根据《建筑消防设施检测技术规程》GA 503—2004 第 4.6.5.3 条规定可解答本题。

【题5】火灾报警及联动控制信号发出后 2min，检查末端试水装置，仅有气体排出，50s 后出现断续水流的现象，说明什么问题？分析其最有可能的原因。

【参考答案】

问题：说明管网内气体为完全排除，管道未完全充水。

原因：(1) 检查末端试水装置，先是仅有气体排出是不合理的。火灾报警及联动控制信号发出后 2min，预作用系统应该已经完成排气和充水，打开末端试水装置，应该直接有水流出。仅有气体排出的可能原因有：1) 系统侧管网充气压力过大，排气过慢；2) 管网设计不合理，气体不能及时排出；3) 管网的排气阀未正常工作；4) 管网被局部堵塞等。

(2) 50s 后出现断续水流的现象，一方面是系统侧管网依然有残余气体，另一方面是消防水泵扬程不够，导致末端的出水压力和流量不足。

【命题思路】

该题主要考查预作用自动喷水灭火系统的工作原理，充水要求等。

【解题分析】

《自动喷水灭火系统设计规范》GB 50084—2017 第 8.0.11 条规定，干式系统、由火灾自动报警系统和充气管道上设置的压力开关开启预作用装置的预作用系统，其配水管道充水时间不宜大于 1min；雨淋系统和仅由火灾自动报警系统联动开启预作用装置的预作用系统，其配水管道充水时间不宜大于 2min。

火灾报警及联动控制信号发出后 2min，预作用系统应该已经完成排气和充水，打开末端试水装置，应该直接有水流出。背景材料给出先是仅有气体排出，50s 后出现断续水流，因此是不符合要求的。出现该现象主要是由于 2min 内管道内气体没有完全排除引起的，因此需要进一步分析气体没有完全排除的原因，主要有管网、排气阀等方面的因素。

第四题

某医院病房楼，地下1层，地上6层，局部7层，屋面为平屋面，首层地面设计标高为±0.00m，地下室地面标高为－4.200m，建筑室外地面设计标高为－0.600m。6层屋面面层的标高为23.700m，女儿墙顶部标高为24.800m，7层屋面面层的标高为27.300m，该病房楼首层平面示意图如下图所示。

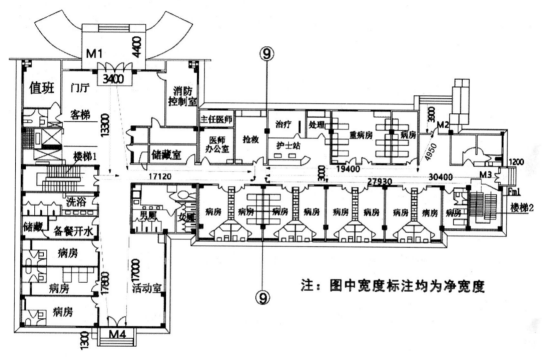

病房楼首层平面图（建筑面积1220m²）

该病房楼6层以下各层建筑面积均为1220m²，图中⑨号轴线东侧地下室建筑面积为560m²，布置设备用房。中间走道北侧自西向东依次布置消防水泵房、通风空调机房、排烟机房，中间走道南侧自西向东依次布置柴油发电机房、变配电室（使用干式变压器）；⑨号轴线西侧的地下室布置自行车库。地上1层至地上6层均为病房层，7层（建筑面积275m²）布置消防水箱间、电梯机房和楼梯出口小间。

地下室设备用房的门为乙级防火门，各层楼梯1、楼梯2的门和地上各层配电室的门为乙级防火门，首层M1、M2、M3、M4均为钢化玻璃门。其他各层各房间门均为普通木门，楼内的M1门净宽为3.4m，所有单扇门净宽均为0.9m，双扇门净宽均为1.2m。

该病房楼内按国家标准要求设置了室内外消火栓系统、湿式自动喷水灭火系统、火灾自动报警系统、防烟和排烟系统及灭火器，疏散走道和楼梯间照明的地面最低水平照度为6.0 lx，供电时间为1.5h。

2018年一级注册消防工程师《消防安全案例分析》真题及答案

根据以上资料，回答下列问题（共24分）。

【题1】该病房楼的建筑高度是多少？按《建筑设计防火规范》GB 50016—2014分类，是哪类？地下室至少应划分几个防火分区？地上部分的防火分区如何划分？并说明理由。

【参考答案】

（1）由于局部7层的建筑面积275m² 小于屋面面积的1/4即305m²，因此7层层高不计入建筑高度，所以该建筑的高度为：0.6＋23.7＝24.3（m）。

理由：《建筑设计防火规范》GB 50016—2014附录A.0.1规定，(1)建筑屋面为平屋面（包括有女儿墙的平屋面）时，建筑高度应为建筑室外设计地面至其屋面面层的高度；(5)局部突出屋顶的消防水箱间、电梯机房和楼梯出口小间等辅助用房占屋面面积不大于1/4者，可不计入建筑高度。

（2）由于该病房楼的建筑高度为24.3m，属于一类高层公共建筑。

理由：建筑高度大于24m的非单层医疗建筑属于一类高层公共建筑。

（3）地下防火分区：该病房楼地下一层建筑面积为1220m²，设有湿式自动喷水灭火系统，至少应划分2个防火分区。

理由：《建筑设计防火规范》GB 50016—2014第5.3.1条规定，民用建筑的地下部分防火分区的最大允许建筑面积不应超过500m²，当设置自动灭火系统后可以增加一倍，防火分区的最大允许建筑面积不应超过1000m²。

（4）地上防火分区：地上1~6层建筑面积均为1220m²，7层建筑面积275m²，每层至少应划分1个防火分区。

《建筑设计防火规范》GB 50016—2014第5.3.1条规定，高层民用建筑防火分区的最大允许建筑面积不应超过1500m²，当设置自动灭火系统后可以增加一倍。

【命题思路】

本题主要考查《建筑设计防火规范》GB 50016—2014对建筑高度的计算、建筑分类、防火分区规定等内容。

【解题分析】

《建筑设计防火规范》GB 50016—2014附录A.0.1给出了建筑高度的计算方法，该题的考点主要为屋顶局部设备用房的高度计算方法，当屋顶局部突出的面积小于屋面面积1/4时，不计入高度；另外建筑高度为从室外地面开始计算，建筑设计一般将室内地面作为±0.00m标高，室外地面一般略低于室内地面，该要点若未考虑周全，直接导致认为建筑高度小于24m，将该建筑判定为多层，还会影响后续解题。

在建筑分类方面，一般建筑高度不超过50m时为二类高层建筑，但由于医疗建筑的特殊性，《建筑设计防火规范》GB 50016—2014将建筑高度大于24m的"医疗建筑、重要公共建筑"直接定为一类高层建筑，详见规范表5.1.1。

在防火分区划分方面，考生应牢记《建筑设计防火规范》GB 50016—2014表5.3.1关于不同建筑防火分区面积的规定，尤其是一、二级耐火等级和地下建筑的防火分区允许面积，同时还应了解当设置自动喷水灭火系统时，防火分区面积允许增加1.0倍。了解防火分区允许面积后，对应具体建筑的设计即可回答防火分区该如何划分。

【题2】指出图中抢救室可用的安全出口，判断抢救室的疏散距离是否满足《建筑设计防火规范》GB 50016—2014 的相关要求，并说明理由。

【参考答案】

抢救室可用的最近安全出口为 M1、M2，抢救室的疏散距离满足《建筑设计防火规范》GB 50016—2014 的相关要求。

理由：根据《建筑设计防火规范》GB 50016—2014 第 5.5.17 条规定，一类高层医疗建筑，抢救室位于两个安全出口之间的疏散门至最近安全出口的距离为 24m，设置湿式自动喷水灭火系统时，安全疏散距离可增加 25%，即 24×1.25＝30（m）。

抢救室疏散门到 M1 的距离为 13.8＋12.4＝26.2（m）＜30m；抢救室疏散门到 M2 的距离为 19.4＋4.95＝24.35（m）＜30m，因此疏散距离满足《建筑设计防火规范》的相关要求。

【命题思路】

本题主要考查《建筑设计防火规范》GB 50016—2014 对于医疗建筑的疏散距离要求。

【解题分析】

《建筑设计防火规范》GB 50016—2014 第 5.5.17 条规定了各类建筑的疏散距离，并规定设置自动喷水灭火系统时，疏散距离可增加 25%，在掌握医疗建筑的疏散距离要求后，在图中找到抢救室最近的通往室外的安全出口，根据图中标注的距离计算即可。

直通疏散走道的房间疏散门至最近安全出口的直线距离（m）　　表 5.5.17

名称			位于两个安全出口之间的疏散门			位于袋形走道两侧或尽端的疏散门		
			一、二级	三级	四级	一、二级	三级	四级
托儿所、幼儿园老年人建筑			25	20	15	20	15	10
歌舞娱乐放映游艺场所			25	20	15	9	—	—
医疗建筑	单、多层		35	30	25	20	15	10
	高层	病房部分	24			12		
		其他部分	30			15		
教学建筑	单、多层		35	30	25	22	20	10
	高层		30			15		
高层旅馆、展览建筑			30			15		
其他建筑	单、多层		40	35	25	22	20	15
	高层		40			20		

注：1　建筑内开向敞开式外廊的房间疏散门至最近安全出口的直线距离可按本表的规定增加 5m。
　　2　直通疏散走道的房间疏散门至最近敞开楼梯间的直线距离，当房间位于两个楼梯间之间时，应按本表的规定减少 5m；当房间位于袋形走道两侧或尽端时，应按本表的规定减少 2m。
　　3　建筑物内全部设置自动喷水灭火系统时，其安全疏散距离可按本表的规定增加 25%。

【题 3】指出该病房楼的地下室及首层在平面布置和防火分隔方面的问题，并给出正确做法。

【参考答案】

（1）防火分隔方面存在的问题：

1）地下变配电室、通风空调机房、柴油发电机房的门为乙级防火门，正确做法应将上述设备房的门改为甲级防火门。

2）地上各层配电室的门为乙级防火门，设置在首层的消防控制室开向建筑内的门采用普通木门，正确做法为将地上各层配电室的门改为甲级防火门、消防控制室的门改为乙级防火门。

3）首层设置的储藏室的门为普通木门，由于储藏室的性质为民用建筑内附属的库房，因此其正确做法为将其门改为乙级防火门。

4）疏散楼梯地上地下共用楼梯间，未进行防火分隔。正确做法为在首层采用耐火极限不低于2.00h的防火隔墙和乙级防火门将地下或半地下部分与地上部分的连通部位完全分隔，并应设置明显的标志。

（2）平面布置方面存在的问题：

病房属于人员密集场所，但地下一层的柴油发电机房布置在病房的下一层，正确做法为调整柴油发电机房的布置，柴油发电机房不应布置在人员密集场所的下一层、上一层或贴邻，可将其独立布置在其他区域或调整至地面建筑投影线以外区域。

【命题思路】

该题主要考查《建筑设计防火规范》GB 50016—2014 对相关设备用房的防火分隔要求以及柴油发电机房的平面布置要求。

【解题分析】

《建筑设计防火规范》GB 50016—2014 第5.4.13规定，布置在民用建筑内的柴油发电机房应符合下列规定：

1 宜布置在首层或地下一、二层；

2 不应布置在人员密集场所的上一层、下一层或贴邻；

3 应采用耐火极限不低于2.00h的防火隔墙和1.50h的不燃性楼板与其他部位分隔，门应采用甲级防火门；

4 机房内设置储油间时，其总储存量不应大于1m³，储油间应采用耐火极限不低于3.00h的防火隔墙与发电机间分隔；确需在防火隔墙上开门时，应设置甲级防火门。

《建筑设计防火规范》GB 50016—2014 第6.2.3条规定：建筑内的下列部位应采用耐火极限不低于2.00h的防火隔墙与其他部位分隔，墙上的门、窗应采用乙级防火门、窗，确有困难时，可采用防火卷帘，但应符合本规范第6.5.3条的规定：

1 甲、乙类生产部位和建筑内使用丙类液体的部位；

2 厂房内有明火和高温的部位；

3 甲、乙、丙类厂房（仓库）内布置有不同火灾危险性类别的房间；

4 民用建筑内的附属库房，剧场后台的辅助用房；

5 除居住建筑中套内的厨房外，宿舍、公寓建筑中的公共厨房和其他建筑内的厨房；

6 附设在住宅建筑内的机动车库。

《建筑设计防火规范》GB 50016—2014 第6.2.7条规定，通风、空气调节机房和变配电室开向建筑内的门应采用甲级防火门，消防控制室和其他设备房开向建筑内的门应采用乙级防火门。

《建筑设计防火规范》GB 50016—2014 第6.4.4条第3款规定，建筑的地下或半地下部分与地上部分不应共用楼梯间，确需共用楼梯间时，应在首层采用耐火极限不低于2.00h的防火隔墙和乙级防火门将地下或半地下部分与地上部分的连通部位完全分隔，并应设置明显的标志。

根据上述相关条文的规定,可判定该题平面布置和防火分隔存在的问题。

【题4】指出该病房楼在灭火救援设施和消防设施配置方面的问题,并给出正确做法。

【参考答案】

问题1:病房楼楼梯间照明的地面最低照度为6.0lx,不符合规定。

正确做法:把楼梯间照明的地面最低照度提高到10.0lx。

问题2:未设置消防软管卷盘或轻便消防水龙,不符合规定。

正确做法:增设消防软管卷盘或轻便消防水龙。

问题3:该病房楼属于一类高层公共建筑,应设置消防电梯,图中只设置了手术梯和客梯,未设置消防电梯。

正确做法:把客梯改为符合规范要求的消防电梯,或增设一部消防电梯,并应到达地下室。

问题4:该病房楼首层平面图中的外墙上未标注设置供消防救援人员进入的窗口。

正确做法:该病房楼外墙上应设置2个供消防救援人员进入的窗口且间距不宜大于20m。

【命题思路】

该题主要考查医疗建筑的消防设施和灭火救援设施,考试应对照规范对医疗建筑的消防设施和灭火救援设施的要求,逐条排除,并找出不符合要求的设计。

【解题分析】

医疗建筑需要设置的消防设施主要有消火栓系统、自动灭火系统、火灾自动报警系统、防排烟系统、灭火器、疏散指示和应急照明系统等,灭火救援设施主要有消防电梯、消防车道、消防救援窗、消防车登高操作场地等。

背景资料中指出了病房楼内按国家标准要求设置了室内外消火栓系统、湿式自动喷水灭火系统、火灾自动报警系统、防烟和排烟系统及灭火器,但未给出各系统的具体参数,因此不能判定其存在设计问题,而楼梯间的应急照明照度给出了具体的设计参数,可根据规范要求进行判定。背景资料中未提及设置消防软管卷盘或轻便消防水龙。

灭火救援设施方面背景资料文字基本未表述,但从图中可以看到是否设置消防电梯、救援窗口等,对照规范要求可进行分析判定。由于该图为首层平面图,并非总平面图,因此也不能判定消防车道和消防车登高操作场地设计存在问题。

具体存在问题的分析如下:

问题1:《建筑设计防火规范》GB 50016—2014第10.3.3条规定,病房楼的楼梯间地面最低水平照度不应低于10.0lx。

背景资料中楼梯间照明的地面最低照度为6.0lx,不符合规定。应把楼梯间照明的地面最低照度提高到10.0lx。

问题2:《建筑设计防火规范》GB 50016—2014第8.2.4条规定,人员密集的公共建筑、建筑高度大于100m的建筑和建筑面积大于200m^{2}的商业服务网点内应设置消防软管卷盘或轻便消防水龙。

医院属于人员密集的公共建筑,因此需要设置消防软管卷盘或轻便消防水龙。

问题3：《建筑设计防火规范》GB 50016—2014 第7.3.1条规定，一类高层公共建筑应设置消防电梯。

该病房楼属于一类高层公共建筑，应设置消防电梯，图中只设置了手术梯和客梯，未设置消防电梯。把客梯改为符合规范要求的消防电梯，或增设一部消防电梯，并应到达地下室。

问题4：《建筑设计防火规范》GB 50016—2014 第7.2.4条规定，公共建筑的外墙应在每层设置可供消防救援人员进入的窗口；第7.2.5条规定，供消防救援人员进入的窗口的间距不宜大于20m且每个防火分区不应少于2个。

图中的外墙上没有显示。该病房楼外墙上应设置2个供消防救援人员进入的窗口且间距不宜大于20m。

【题5】指出图中安全疏散方面的问题，并给出正确做法。

【参考答案】

问题1：该建筑属于一类高层公共建筑，应采用防烟楼梯间。图中显示为封闭楼梯间。

正确做法：把楼梯1和楼梯2改为防烟楼梯间。

问题2：民用建筑的疏散门，应采用向疏散方向开启的平开门，图中M3、M4开向建筑物内。

正确做法：把M3、M4开向建筑物内门改为向疏散方向开启的平开门。

问题3：高层医疗建筑楼梯间的首层疏散门的最小净宽度不应小于1.3m，图中楼梯间的首层疏散门均为1.2m。

正确做法：把楼梯间的首层疏散门的最小净宽度改为1.3m。

问题4：人员密集的公共场所的疏散门其净宽度不应小于1.40m，图中M2、M3、M4的双扇门净宽均为1.2m。

正确做法：把M2、M3、M4的双扇门净宽增加到1.4m。

问题5：人员密集的公共场所的疏散门紧靠门口内外各1.40m范围内不应设置踏步，图中M3的台阶设在1.2m处、M4的台阶设在1.3m处。

正确做法：把M3、M4台阶均设在距离台阶不小于1.4m处。

问题6：疏散楼梯未直通室外或采用扩大的封闭楼梯间或防烟楼梯间前室。

正确做法：将疏散楼梯直通室外，或设置扩大的封闭楼梯间或防烟楼梯间前室。

问题7：疏散楼梯地上地下共用楼梯间，未进行防火分隔。

正确做法：在首层采用耐火极限不低于2.00h的防火隔墙和乙级防火门将地下或半地下部分与地上部分的连通部位完全分隔，并应设置明显的标志。

【命题思路】

该题综合性考查了医疗建筑疏散设计的相关要求，同时还考查建筑定性及其疏散楼梯设置形式的要求，如果建筑定性判断错误，则疏散楼梯的形式也无法准确判定。该题考查了疏散楼梯间形式、疏散门开启方向、疏散门宽度要求、人员密集场所台阶与疏散门距离要求等。考生需要从背景资料、图纸中分别进行细致分析。

【解题分析】

医疗建筑只要建筑高度大于24m即为一类高层建筑，没有二类高层建筑的情况。《建筑设计防火规范》GB 50016—2014 第5.5.12条规定：一类高层公共建筑和建筑高度大于

32m的二类高层公共建筑，其疏散楼梯应采用防烟楼梯间。

因此该病房楼应采用防烟楼梯间。

《建筑设计防火规范》GB 50016—2014 第 6.4.11 条第 1 款规定：民用建筑和厂房的疏散门，应采用向疏散方向开启的平开门，不应采用推拉门、卷帘门、吊门、转门和折叠门。除甲、乙类生产车间外，人数不超过 60 人且每樘门的平均疏散人数不超过 30 人的房间，其疏散门的开启方向不限。

医院首层外门应采用向外开启的平开门。

《建筑设计防火规范》GB 50016—2014 第 5.5.18 条，给出了楼梯间等疏散门的最小净宽度要求。高层医疗建筑楼梯间首层的疏散门宽度不应小于 1.30m，背景材料给出所有双扇门的宽度均为 1.2m，因此楼梯间的门为 1.2m，不符合要求。

高层公共建筑内楼梯间的首层疏散门、首层疏散外门、
疏散走道和疏散楼梯的最小净宽度（m）　　　表 5.5.18

建筑类别	楼梯间的首层疏散门、首层疏散外门	走道		疏散楼梯
		单面布房	双面布房	
高层医疗建筑	1.30	1.40	1.50	1.30
其他高层公共建筑	1.20	1.30	1.40	1.20

《建筑设计防火规范》GB 50016—2014 第 5.5.19 规定：人员密集的公共场所、观众厅的疏散门不应设置门槛，其净宽度不应小于 1.40m，且紧靠门口内外各 1.40m 范围内不应设置踏步。

医院属于典型的人员密集场所，其疏散门不应小于 1.40m，紧靠门口内外各 1.40m 范围内不应设置踏步，背景材料图纸中 M2、M3、M4 的双扇门净宽均为 1.2m，不符合要求；M3 的台阶设在 1.2m 处、M4 的台阶设在 1.3m 处，不符合要求。

《建筑设计防火规范》GB 50016—2014 第 5.5.17 条第 2 款规定，楼梯间应在首层直通室外，确有困难时，可在首层采用扩大的封闭楼梯间或防烟楼梯间前室。当层数不超过 4 层且未采用扩大的封闭楼梯间或防烟楼梯间前室时，可将直通室外的门设置在离楼梯间不大于 15m 处。

该病房楼层数超过 4 层，因此不能直接将疏散楼梯设置在距离楼梯间不大于 15m 处，应采用扩大的封闭楼梯间或防烟楼梯间前室。

《建筑设计防火规范》GB 50016—2014 第 6.4.4 条第 3 款规定：建筑的地下或半地下部分与地上部分不应共用楼梯间，确需共用楼梯间时，应在首层采用耐火极限不低于 2.00h 的防火隔墙和乙级防火门将地下或半地下部分与地上部分的连通部位完全分隔，并应设置明显的标志。

图中楼梯间地上地下未进行防火分隔，该问题既属于疏散问题，又属于防火分隔问题，可分别进行作答。

第五题

某高层公共建筑地下 2 层，地上 30 层。地下各层均为车库及设备用房，地上 1~4 层

商场，5～30层为办公楼，商场中庭通1～4层，2～4层中庭回廊按规范要求设置防火卷帘，其他部位按规范要求设置了火灾自动报警系统、防排烟系统以及消防应急照明和疏散指示系统等。某消防技术服务机构对该项目进行年度检查，情况如下：

1. 火灾报警控制器（联动型）功能检测

消防技术服务人员拆下安装在消防控制室顶棚上的1只感烟探测器，火灾报警控制器（联动型）在50s内显示故障信息并发出故障声音，选取另外1只感烟探测器加烟测试，火灾报警控制器（联动型）在50s内显示探测器火灾报警信息和故障报警信息并切换为火灾报警声音。

2. 防火卷帘联动控制功能检测

消防技术服务机构人员将联动控制功能设置为自动工作方式，在一层模拟触发2只火灾探测器报警，2～4层中庭回廊防火卷帘下降到楼板面，复位后在2层模拟触发2只火灾探测器报警，2～4层中庭回廊防火卷帘下降到距楼面1.8m处。

3. 排烟系统联动控制功能检测

消防技术服务机构人员将联动控制功能设置为自动工作方式，在28层模拟触发2只感烟探测器，排烟风机联动启动，现场查看该层排烟阀没有打开；通过消防联动控制器手动启动28层排烟阀，该排烟阀打开。

4. 消防应急照明和疏散指示系统功能检测

系统由一台应急照明集中控制器、消防应急灯具、消防应急照明配电箱组成，应急照明控制器显示工作正常。现场发现5个消防应急标志灯不同程度损坏，消防控制室发出10层以上应急转换联动控制信号，10层以上除11层、12层以外的消防应急灯具均转入应急工作状态。

5. 消防控制室记录

消防技术服务机构人员检查了消防控制室值班记录，发现地下车库有2只感烟探测器近半年来多次报警，但现场核实均没有发生火灾，确认为误报火警后，值班人员做复位处理。

根据以上材料，回答下列问题（共20分）。

【题1】该建筑火灾报警控制器（联动型）功能检测过程中的火灾报警功能是否正常？火灾报警控制器（联动型）功能检测还应包含哪些内容？

【参考答案】

检测中的火灾报警功能正常。

根据《火灾自动报警系统施工及验收规范》GB 50166—2007 第4.3.2条规定，火灾报警控制器（联动型）功能检查还应包含下列内容：

（1）检查自检功能和操作级别。

（2）检查消音和复位功能。

（3）使控制器与备用电源之间的连线断路和短路，控制器应在100s内发出故障信号。

（4）检查屏蔽功能。

（5）使总线隔离器保护范围内的任一点短路，检查总线隔离器的隔离保护功能。

（6）使任一总线回路上不少于10只的火灾探测器同时处于火灾报警状态，检查控制器的负载功能。

（7）检查主、备电源的自动转换功能，并在备电工作状态下重复第（6）款检查。

（8）检查控制器特有的其他功能。

【命题思路】

本题主要考查火灾报警功能是否正常的判定、火灾自动报警系统控制器的功能检测内容的要求。

【解题分析】

《火灾自动报警系统施工及验收规范》GB 50166—2007 第 4.3.2 条规定，控制器与探测器之间的连线断路和短路时，控制器应在 100s 内发出故障信号；在故障状态下，使任一非故障部位的探测器发出火灾报警信号，控制器应在 1min 内发出火灾报警信号，并应记录火灾报警时间；再使其他探测器发出火灾报警信号，检查控制器的再次报警功能。

背景材料中拆下一只感烟探测器在 50s 内显示故障、另外 1 只感烟探测器加烟测试在 50s 内报警均属于正常响应。

根据《火灾自动报警系统施工及验收规范》GB 50166—2007 第 4.3.2 条规定，可分析火灾报警控制器（联动型）功能检查的其他内容。

【题 2】该建筑防火卷帘的联动控制功能是否正常？为什么？

【参考答案】

在 1 层模拟触发两只火灾探测器报警，2~4 层中庭回廊防火卷帘下降到楼板面，正常。

在 2 层模拟触发两只火灾探测器报警，2~4 层中庭回廊防火卷帘下降到距楼面 1.8m 处，不正常。

理由：《火灾自动报警系统设计规范》GB 50116—2013 第 4.6.4 条规定，联动控制方式，应由防火卷帘所在防火分区内任两只独立的火灾探测器的报警信号，作为防火卷帘下降的联动触发信号，并应联动控制防火卷帘直接下降到楼板面。

【命题思路】

本题主要考查防火卷帘的联动控制功能，需要注意的是，需要区分防火卷帘的设置部位分为疏散通道上的和非疏散通道上的。另外需要特别注意的是《火灾自动报警系统设计规范》GB 50116 为 2013 年新发布规范，而《火灾自动报警系统施工及验收规范》GB 50166 的版本仍为 2007 年，因此其规定不一致时，应以 2013 年的《火灾自动报警系统设计规范》GB 50116 规定为准。

【解题分析】

《火灾自动报警系统设计规范》GB 50116—2013 第 4.6.3 条规定：疏散通道上设置的防火卷帘的联动控制设计，应符合下列规定：

1 联动控制方式，防火分区内任两只独立的感烟火灾探测器或任一只专门用于联动防火卷帘的感烟火灾探测器的报警信号应联动控制防火卷帘下降至距楼板面 1.8m 处；任一只专门用于联动防火卷帘的感温火灾探测器的报警信号应联动控制防火卷帘下降到楼板面；在卷帘的任一侧距卷帘纵深 0.5~5m 内应设置不少于 2 只专门用于联动防火卷帘的感温火灾探测器。

2 手动控制方式，应由防火卷帘两侧设置的手动控制按钮控制防火卷帘的升降。

第4.6.4条规定：非疏散通道上设置的防火卷帘的联动控制设计，应符合下列规定：

1 联动控制方式，应由防火卷帘所在防火分区内任两只独立的火灾探测器的报警信号，作为防火卷帘下降的联动触发信号，并应联动控制防火卷帘直接下降到楼板面。

2 手动控制方式，应由防火卷帘两侧设置的手动控制按钮控制防火卷帘的升降，并应能在消防控制室内的消防联动控制器上手动控制防火卷帘的降落。

背景材料中，中庭处的防火卷帘显然不是疏散通道部位的，因此防火卷帘在报警信号触发后，应直接下降至楼面处。

【题3】该建筑排烟系统的联动控制功能是否正常？为什么？

【参考答案】

在18层模拟触发2只感烟探测器，排烟风机联动启动，不正常。

理由：《火灾自动报警系统设计规范》GB 50166—2013第4.5.2条规定，应由同一防烟分区内的两只独立的火灾探测器的报警信号，作为排烟阀开启的联动触发信号，并应由消防联动控制器联动控制排烟阀的开启，同时停止该防烟分区的空气调节系统。应由排烟阀开启的动作信号，作为排烟风机启动的联动触发信号，并应由消防联动控制器联动控制排烟风机的启动。

通过消防联动控制器手动启动28层排烟阀，该排烟阀打开，正常。

理由：《火灾自动报警系统设计规范》GB 50116—2013第4.5.3条规定，排烟系统的手动控制方式，应能在消防控制室内的消防联动控制器上手动控制排烟阀的开启或关闭及排烟风机等设备的启动或停止。排烟风机的启动、停止按钮应采用专用线路直接连接至设置在消防控制室内的消防联动控制器的手动控制盘，并应直接手动控制排烟风机的启动、停止。

【命题思路】

本题主要考查排烟系统的联动控制功能、排烟系统自动和手动启动的逻辑关系。

【解题分析】

《火灾自动报警系统设计规范》GB 50116—2013第4.5.2条和第4.5.3条，可给出本题答案。在解题时，背景材料给出排烟风机联动启动，对应层的排烟阀却没有打开，较容易判定其不符合要求。

【题4】对5个损坏的消防应急标志灯应更换为什么类型的消防应急灯具？11层、12层的消防应急灯具未转入应急工作状态的原因是什么？

【参考答案】

应更换为自带电源集中控制型消防应急灯具。

11层、12层的消防应急灯具未转入应急工作状态的原因可能是：

（1）火灾报警控制器或应急照明控制器逻辑设计不正确；

（2）11层、12层的消防应急照明配电箱存在问题；

（3）11层，12层的供电线路存在问题；

（4）11层，12层的应急照明灯具损坏。

【命题思路】

本题主要考查应急照明系统的分类及其组成。根据《消防应急照明和疏散指示系统》

GB 17945—2010，应急照明系统可分为自带电源集中控制型系统、自带电源非集中控制型系统、集中电源集中控制型系统、集中电源非集中控制型系统四种，需要区分各自所包含的组件进行分析。并能对应急照明的故障原因进行分析。

【解题分析】

《消防应急照明和疏散指示系统》GB 17945—2010 第 3.13 条规定，自带电源集中控制型系统由自带电源型消防应急灯具、应急照明控制器、应急照明配电箱及相关附件等组成的消防应急照明和疏散指示系统。

背景材料中给出了系统有一台应急照明集中控制器，说明为集中控制型系统，但无"应急照明分配电装置"，仅有"配电箱"，可以排除为"集中电源型"，因此可以判定为自带电源集中控制型系统。

第 11 层、12 层的应急照明灯具不亮的原因较多，包括火灾报警控制器及其联动逻辑存在问题、线路、配电箱、灯具存在问题或损坏等。

【题5】该建筑地下车库感烟探测器误报火警的可能原因有哪些？值班人员对误报警的处理是否正确？为什么？

【参考答案】

感烟探测器误报火警的可能原因有：（1）产品质量不合格；（2）设备选择和布置不符合设计要求；（3）元件老化；（4）探测器本身损坏；（5）探测器接口板故障；（6）进入异物或者灰尘。

确认为误报火警后，值班人员做复位处理，不正确。

理由：《建筑消防设施的维护管理》GB 25201—2010 第 8.2 条规定，值班中发现建筑消防设施存在问题和故障的，相关人员应填写《建筑消防设施故障维修记录表》，并向单位消防安全管理人报告。第 8.3 条规定，单位消防安全管理人对建筑消防设施存在的问题和故障，应立即通知维修人员进行维修。维修期间，应采取确保消防安全的有效措施。故障排除后应进行相应功能试验并经单位消防安全管理人检查确认。维修情况应记入《建筑消防设施故障维修记录表》。

【命题思路】

本题主要考查相关人员对消防设施故障的处理方式。

【解题分析】

感烟探测器误报火警的原因较多，主要有环境、产品、工程设计等方面的原因，可分别进行表述。

了解《建筑消防设施的维护管理》GB 25201—2010 的相关规定，可判定相关人员对消防设施发生故障时的处理方式是否正确。

第六题

某钢筋混凝土框架结构的印刷厂房，长和宽均为 75m，地上 2 层，地下 1 层，地下建筑面积 2000m²，地下一层长边为 75m，厂房屋面采用不燃材料，其他建筑构件的燃烧性能和耐火极限见下表。

建筑构件的燃烧性能和耐火极限性

构件名称	燃烧性能、耐火极限(h)	
防火墙、柱、承重墙	不燃性	3.00
梁、楼梯间的墙	不燃性	2.00
楼板、屋顶承重构件、疏散楼梯	不燃性	1.50
疏散走道两侧隔墙	不燃性	1.00
非承重外墙、房间隔墙	不燃性	0.75
吊顶	不燃性	0.25

该厂房地下一层布置了燃煤锅炉房、消防泵房、消防水池和建筑面积 400m² 的变配电室及建筑面积为 600m² 的纸张仓库。地上1、2层为印刷车间，在2层车间中心部位布置一个中间仓库，储存不超过1昼夜需要量的水性油墨、溶剂型油墨和甲苯、二甲苯、醇、醚等有机溶剂。中间仓库用防火墙和甲级防火门与其他部位分隔，建筑面积为 280m²。

地上楼层在四个墙角处分别设置一部有外窗并能自然通风的封闭楼梯间，楼梯间门采用能阻挡烟气的双向弹簧门，并在首层直通室外。地下1层在长轴轴线的两端各设置1部封闭的楼梯间，并用 1.40m 宽的走道连通；消防水泵房、锅炉房和变配电室内任一点至封闭楼梯间的距离分别不大于 20m、30m 和 40m，地下层封闭楼梯间的门采用乙级防火门，楼梯间在首层用防火隔墙与车间分隔，通过长度不大于 3m 的走道直通室外。在一层厂房每面外墙居中位置设置宽度为 3.00m 的平开门。

该厂房设置了室内、室外消火栓系统和灭火器，地下一层设置自动喷水灭火系统，该厂房地上部分利用外窗自然排烟，地下设备用房、走道和纸张仓库设置机械排烟设施。

根据以上材料，回答下列问题（共20分）。

【题1】判断该厂房的耐火等级，确定厂房内二层中间仓库、地下纸张仓库、锅炉房、变配电室和该印刷厂的火灾危险性。

【参考答案】
根据《建筑设计防火规范》GB 50016—2014 第 3.2.1 条规定，结合该厂房不同建筑构件的燃烧性能和耐火极限可以判定为一级耐火等级。

根据《建筑设计防火规范》GB 50016—2014 第 3.1 火灾危险性分类规定，厂房内2层中间仓库的火灾危险性为甲类1项中间仓库；地下纸张仓库的火灾危险性为丙类2项仓库；锅炉房的火灾危险性为丁类厂房；变配电室每台装油量＞60kg 为丙类厂房或每台装油量≤60kg 为丁类厂房；印刷厂整体为丙类厂房。

【命题思路】
该题主要考核建筑构件的耐火极限与建筑耐火等级的关系，考试需要重点掌握一、二级耐火等级建筑主要构件的耐火极限。同时考核了一般物质的火灾危险性，对不同火灾危险类别的物质有基本了解并进行判定。

【解题分析】
《建筑设计防火规范》GB 50016—2014 第 3.2.1 条规定：厂房和仓库的耐火等级可分为一、二、三、四级，相应建筑构件的燃烧性能和耐火极限，除本规范另有规定外，不应低于表 3.2.1 的规定。

不同耐火等级厂房和仓库建筑构件的燃烧性能和耐火极限（h）　　　表 3.2.1

构件名称		耐火等级			
		一级	二级	三级	四级
墙	防火墙	不燃性 3.00	不燃性 3.00	不燃性 3.00	不燃性 3.00
	承重墙	不燃性 3.00	不燃性 2.50	不燃性 2.00	难燃性 0.50
	楼梯间和前室的墙 电梯井的墙	不燃性 2.00	不燃性 2.00	不燃性 1.50	难燃性 0.50
	疏散走道 两侧的隔墙	不燃性 1.00	不燃性 1.00	不燃性 0.50	难燃性 0.25
	非承重外墙 房间隔墙	不燃性 0.75	不燃性 0.50	难燃性 0.50	难燃性 0.25
柱		不燃性 3.00	不燃性 2.50	不燃性 2.00	难燃性 0.50
梁		不燃性 2.00	不燃性 1.50	不燃性 1.00	难燃性 0.50
楼板		不燃性 1.50	不燃性 1.00	不燃性 0.75	难燃性 0.50
屋顶承重构件		不燃性 1.50	不燃性 1.00	难燃性 0.50	可燃性
疏散楼梯		不燃性 1.50	不燃性 1.00	不燃性 0.75	可燃性
吊顶（包括吊顶搁栅）		不燃性 0.25	难燃性 0.25	难燃性 0.15	可燃性

背景材料中给出了该厂房不同构件的耐火极限，根据上表可进行建筑的耐火等级判断。

《建筑设计防火规范》GB 50016—2014 条文说明列举了不同物品的火灾危险性分类。根据火灾危险性分类，中间仓库的甲苯等物质的火灾危险性为甲类 1 项，因此 2 层中间仓库的火灾危险性为甲类 1 项中间仓库。

纸张为普通丙类固体，因此地下纸张仓库的火灾危险性为丙类 2 项仓库。

《建筑设计防火规范》GB 50016—2014（2018 年版）第 5.2.3 条规定："民用建筑与燃油、燃气或燃煤锅炉房的防火间距应符合本规范第 3.4.1 条有关丁类厂房的规定"；《锅炉房设计规范》GB 50041 第 15.1.1 条规定"锅炉间应属于丁类生产厂房"，因此锅炉房的火灾危险性为丁类厂房。

《火力发电厂与变电站设计防火规范》GB 50229 第 3.0.1 条规定，变配电室每台装油量＞60kg 为丙类厂房或每台装油量≤60kg 为丁类厂房。

印刷厂内的主要可燃物为纸张，配套使用的甲乙类物品采用防火墙和甲级防火门与其他部位分隔，设置为中间仓库，因此整体为丙类厂房。

储存物品的火灾危险性分类举例

火灾危险性类别	举 例
甲类	1. 己烷,戊烷,环戊烷,石脑油,二硫化碳,苯,甲苯,甲醇,乙醇,乙醚,蚁酸甲脂,醋酸甲脂,硝酸乙酯,汽油,丙酮,丙烯,酒精度为38度及以上的白酒; 2. 乙炔,氢,甲烷,环氧乙烷,水煤气,液化石油气,乙烯,丙烯,丁二烯,硫化氢,氯乙烯,电石,碳化铝; 3. 硝化棉,硝化纤维胶片,喷漆棉,火胶棉,赛璐珞棉,黄磷; 4. 金属钾、钠、锂、钙、锶、氢化锂、氢化钠、四氢化锂铝; 5. 氯酸钾、氯酸钠、过氧化钾、过氧化钠、硝酸铵; 6. 赤磷,五硫化二磷,三硫化二磷
乙类	1. 煤油,松节油、丁烯醇、异戊醇、丁醚、醋酸丁酯、硝酸戊酯、乙酰丙酮、环己胺、溶剂油、冰醋酸、樟脑油、蚁酸; 2. 氨气、一氧化碳; 3. 硝酸铜、铬酸、亚硝酸钾、重铬酸钠、铬酸钾、硝酸、硝酸汞、硝酸钴、发烟硫酸、漂白粉; 4. 硫黄、镁粉、铝粉、赛璐珞板(片)、樟脑、萘、生松香、硝化纤维漆布、硝化纤维色片; 5. 氧气,氟气,液氯; 6. 漆布及其制品,油布及其制品,油纸及其制品,油绸及其制品
丙类	1. 动物油、植物油、沥青、蜡、润滑油、机油、重油,闪点大于等于60℃的柴油,糖醛、白兰地成品库; 2. 化学、人造纤维及其织物,纸张,棉、毛、丝、麻及其织物,谷物,面粉,粒径大于等于2mm的工业成型硫黄,天然橡胶及其制品,竹、木及其制品,中药材,电视机、收录机等电子产品,计算机房已录数据的磁盘储存间,冷库中的鱼、肉间
丁类	自熄性塑料及其制品,酚醛泡沫塑料及其制品,水泥刨花板
戊类	钢材、铝材、玻璃及其制品,搪瓷制品,陶瓷制品,不燃气体,玻璃棉、岩棉、陶瓷棉、硅酸铝纤维、矿棉,石膏及其无纸制品,水泥、石、膨胀珍珠岩

【题2】指出该厂房平面布置和防火分隔构件中存在的不符合现行国家消防标准规范的问题，并给出解决方法。

【参考答案】

问题1：《建筑设计防火规范》GB 50016—2014 第 3.3.6 条规定，中间仓库为甲类中间仓库时应靠外墙布置。背景资料中二层车间中心部位布置一个中间仓库。

解决方法：中间仓库布置在二层靠外墙部位。

问题2：《建筑设计防火规范》GB50016—2014 第 3.3.2 条规定，甲类1项中间仓库的最大允许建筑面积为 250m^2。背景资料中间仓库建筑面积为 280m^2。

解决方法：减少中间仓库的面积，不超过 250m^2。

问题3：《建筑设计防火规范》GB 50016—2014 第 6.4.2 条规定，人员密集的多层丙类厂房的封闭楼梯间的门应采用乙级防火门。背景资料中地上楼梯间门采用能阻挡烟气的双向弹簧门。

解决方法：把双向弹簧门改为乙级防火门，并应向疏散方向开启。

【命题思路】

本题主要考查工业建筑内平面布置的要求和相关防火分隔构件的要求，工业建筑内的平面布置一般有甲乙类仓库的布置、宿舍的布置、中间仓库的布置、变配电站的布置等方面；分隔构件的要求，主要墙体、楼板、防火门窗的耐火极限等。

【解题分析】

《建筑设计防火规范》GB 50016—2014 第 3.3.6 条规定，厂房内设置中间仓库时，应符合下列规定：

1 甲、乙类中间仓库应靠外墙布置，其储量不宜超过 1 昼夜的需要量；

2 甲、乙、丙类中间仓库应采用防火墙和耐火极限不低于 1.50h 的不燃性楼板与其他部位分隔；

3 丁、戊类中间仓库应采用耐火极限不低于 2.00h 的防火隔墙和 1.00h 的楼板与其他部位分隔；

4 仓库的耐火等级和面积应符合本规范第 3.3.2 条和第 3.3.3 条的规定。

其中第 3.3.2 条规定了甲类仓库的最大面积不应超过 $250m^2$，因此可判定背景材料中，中间仓库的设置位置及设置面积不符合规范规定。

《建筑设计防火规范》GB 50016—2014 第 6.4.2 条规定，封闭楼梯间除应符合本规范第 6.4.1 条的规定外，尚应符合下列规定：

1 不能自然通风或自然通风不能满足要求时，应设置机械加压送风系统或采用防烟楼梯间；

2 除楼梯间的出入口和外窗外，楼梯间的墙上不应开设其他门、窗、洞口；

3 高层建筑、人员密集的公共建筑、人员密集的多层丙类厂房、甲、乙类厂房，其封闭楼梯间的门应采用乙级防火门，并应向疏散方向开启；其他建筑，可采用双向弹簧门；

4 楼梯间的首层可将走道和门厅等包括在楼梯间内形成扩大的封闭楼梯间，但应采用乙级防火门等与其他走道和房间分隔。

背景材料印刷厂属于"人员密集的多层丙类厂房"，因此其楼梯间应采用乙级防火门。

【题3】该厂房各层分别应至少划分几个防火分区？

【参考答案】

地上 2 层的每层建筑面积为 $75×75＝5625$（m^2），所以每层至少划分 1 个防火分区。

设置自动喷水灭火系统后，丙类库房防火分区面积为 $600m^2$，建筑面积为 $600m^2$ 的纸张仓库刚好划分为一个防火分区。

当变配电室每台装油量≤60kg 为丁类厂房时，地下 1 层的总建筑面积为 $2000m^2$，扣除纸张库房剩余 $1400m^2$，小于 $2000m^2$，还需要设置为 1 个防火分区，所以地下 1 层至少划分 2 个防火分区。

当变配电室每台装油量＞60kg 为丙类厂房时，建筑面积为 $400m^2$ 变配电室需划分为一个防火分区，其余丁类厂房划分为一个防火分区，所以地下 1 层至少划分 3 个防火分区。

【命题思路】

该题主要考查工业建筑防火分区面积划分要求，考查了地上丙类厂房、地下丙类仓库、地下丙丁类厂房的防火分区面积要求。涉及内容较多，还需要掌握设置自动喷水灭火系统时防火分区面积要求。

【解题分析】

该印刷厂房属于丙类多层厂房，采用一级耐火等级。根据《建筑设计防火规范》GB 50016—2014 第 3.3.1 条规定，地上部分防火分区的最大允许建筑面积为 6000m²。

地下丙类 2 项仓库防火分区最大允许建筑面积为 300m²，设置自动喷水灭火系统时，防火分区最大允许建筑面积为 600m²。

地下丙类厂房防火分区的最大允许建筑面积为 500m²，由于地下一层设置自动喷水灭火系统，所以防火分区的最大允许建筑面积为 1000m²。

地下丁类厂房防火分区的最大允许建筑面积为 1000m²，由于地下一层设置自动喷水灭火系统，所以防火分区的最大允许建筑面积为 2000m²。

【题 4】指出该建筑在安全疏散方面存在的问题，并提出整改措施。

【参考答案】

问题 1：该厂房属于多层丙类厂房，根据《建筑设计防火规范》GB 50016—2014 第 6.4.2 条规定，人员密集的多层丙类厂房的封闭楼梯间的门应采用乙级防火门，背景资料中地上楼梯间门采用能阻挡烟气的双向弹簧门。

措施：把双向弹簧门改为乙级防火门，并应向疏散方向开启。

问题 2：该厂房地下 1 层至少划分 2 个防火分区，而每个防火分区应有 2 个安全出口，背景资料中地下一层在长轴轴线的两端各设置 1 部封闭楼梯间。

措施：在每个防火分区设 2 部封闭楼梯间，其相邻最近边缘之间的水平距离不应小于 5m。

问题 3：《建筑设计防火规范》GB 50016—2014 第 3.7.4 条规定，该丙类厂房地下部分任一点到至封闭楼梯间的距离不应大于 30m。背景资料中变配电室内任一点至封闭楼梯间的距离为 40m。

措施：使变配电室内任一点至封闭楼梯间的距离不大于 30m。

【命题思路】

该题主要考核工业建筑对人员疏散的要求，涉及疏散楼梯防火分隔要求、防火分区对疏散出口数量的要求、疏散距离等方面，且地下室等疏散涉及防火分区数量，如果上题防火分区问题答不对，可能也会对该题的正确回答造成影响。

【解题分析】

疏散楼梯的防火门问题，在第 2 题已涉及，该问题属于防火分隔构件问题，由于位于楼梯间因此也属于疏散问题，可进行作答。

由于地下室有多个防火分区，背景资料给出只设置了 2 部疏散楼梯，在不满足允许仅设置一个楼梯的情况时，疏散楼梯的数量显然不足。

《建筑设计防火规范》GB 50016—2014 第 3.7.4 条规定了丙类厂房地下室的疏散距离不应大于 30m。

【题 5】2 层中间仓库应采取哪些防爆措施？

【参考答案】

2 层中间仓库应采取的防爆措施有：

（1）中间仓库宜采用敞开或半敞开式，其承重结构宜采用钢筋混凝土或钢框架、排架结构。

（2）该仓库应设置泄压设施。采用轻质屋面板、轻质墙体和易于泄压的门窗等，应用安全玻璃爆炸时不产生尖锐碎片的材料。

（3）不宜设置地沟，确需设置时，其盖板应严密，地沟应采取防止可燃蒸气在地沟积聚的有效措施，且应在与相邻厂房连通处采用防火材料密封。下水道应设置隔油设施。

（4）设置防止液体流散的设施。设置高150～300mm的缓坡或者门槛。

（5）与厂房连通处应设置为门斗。

（6）应采用不发火花的地面。采用绝缘材料作整体面层时，应采取防静电措施。

（7）散发可燃粉尘、纤维的厂房，其内表面应平整、光滑，并易于清扫。

（8）采用防爆型灯具。

【命题思路】

该题主要考查厂房和仓库的防爆要求，需要对中间仓库相关的防爆要求，或可能引起爆炸的因素采取措施有所了解。

【解题分析】

《建筑设计防火规范》GB 50016—2014 第 3.6 节对厂房和仓库的防爆设计作出了规定，可根据相关要求作答。

2017 年
一级注册消防工程师《消防安全案例分析》真题及答案

第一题

某居住小区由 4 座建筑高度为 69.0m 的 23 层单元式住宅楼和 4 座建筑高度为 54.0m 的 18 层单元式住宅楼组成。设备机房设地下一层（标高-5.0m）。小区南北侧市政道路上各有一家 DN300 的市政给水管，供水压力为 0.25MPa，小区所在地区冰冻线深度为 0.85m。住宅楼的室外消火栓设计流量为 15L/s，23 层住宅楼和 18 层住宅楼的室内消火栓设计流量分别为 20L/s、10L/s；火灾延续时间为 2h。小区消防给水与生活用水共用，采用两路进水环状管网供水，在管网上设置了室外消火栓。室内采用湿式临时高压消防给水系统，其消防水池、消防水泵房设置在一座住宅楼的地下一层，高位消防水箱设置在其中一座 23 层高的住宅楼屋顶。消防水池两路进水，火灾时考虑补水，每条进水管的补水量为 50m³/h。消防水泵控制柜与消防水泵设置在同一房间。系统管网泄露量测试结果为 0.75L/s，高位消防水箱出水管上设置流量开关，动作流量设定值为 1.75L/s。消防水泵性能和控制柜性能合格，室内外消火栓系统验收合格。竣工验收一年后，在对系统进行季度检查时，打开试水阀，高位消防水箱出水管上的流量开关动作，消防水泵无法自动启动；消防控制中心值班人员按下手动专用线路按钮后，消防水泵仍不启动。值班人员到消防水泵房操作机械应急开关后，消防水泵启动。经维修消防控制柜后，恢复正常。

在竣工验收三年后的日常运行中，消防水泵经常发生误动作。勘查原因后发现，高位消防水箱的补水量与竣工验收时相比，增加了 1 倍。

根据以上材料，回答下列问题（共 16 分，每题 2 分。每题的备选项中，有 2 个或者 2 个以上符合题意，至少有一个错项。错选，本题不得分；少选，所选的每个选项得 0.5 分）

【题1】两路补水时，下列消防水池符合现行国家标准的有（　　）。
 A. 有效容积为 4m³ 的消防水池　　B. 有效容积为 24m³ 的消防水池
 C. 有效容积为 44m³ 的消防水池　　D. 有效容积为 55m³ 的消防水池
 E. 有效容积为 60m³ 的消防水池

【参考答案】DE
【命题思路】
　　该题主要考查消防水池有效容积计算的知识点。消防水池有效容积的计算一直是注册消防工程师考试的热点和常考点，考生应予以高度重视。
【解题分析】
　　《消防给水及消火栓系统技术规范》GB 50974—2014 第 4.3.2 条第 1 款规定：当市政给水管网能保证室外消防给水设计流量时，消防水池的有效容积应满足在火灾延续时间内室内消防用水量的要求。
　　《消防给水及消火栓系统技术规范》第 4.3.4 条规定：当消防水池采用两路供水且在火灾情况下连续补水能满足消防要求时，消防水池的有效容积应根据计算确定，但不应小于 100m³，当仅设有消火栓系统时不应小于 50m³。
　　消防水池有效容积的计算公式为：消防水池有效容积＝室内消火栓用水量＋室外消火栓用水量＋自动水灭火系统用水量－持续补水量

考生在进行计算时，需要综合考虑市政给水是否满足室外消防给水流量、火灾情况下连续补水是否满足消防要求、建筑物室内设有自动水灭火系统时室内消火栓设计流量折减、最小容积是否满足 $50m^3$ 或 $100m^3$ 等条件。

该题中市政给水管网满足室外消防用水量，还有补水能力，且消防水池满足两路水管补水。因此消防水池的有效容积可以按室内消火栓用量折减补水后容积进行计算，但还要满足第 4.3.4 条的要求。

火灾延续时间为 2h。室内消火栓的设计用量：$20 \times 3.6 \times 2 = 144m^3$；补水量 $50 \times 2 = 100m^3$。消防水池的设计容积为 $144-100=44m^3$，但不应小于 $50m^3$。因此，D 和 E 为正确答案。

【题2】 下列室外埋地消防给水管道的设计管顶覆土深度中，符合国家标准的有（　　）。

　　A. 0.70m　　　　　　　　B. 1.00m

　　C. 1.05m　　　　　　　　D. 1.15m

　　E. 1.25m

【参考答案】 DE

【命题思路】

该题主要考查消防给水管道的管顶覆土深度要求。管顶覆土应考虑管道材质和道路性质对管道埋深的影响，还应考虑冰冻线的影响。

【解题分析】

《消防给水及消火栓系统技术规范》GB 50974—2014 第 8.2.6 条规定了埋地金属管道最小管顶覆土应至少在冰冻线以下 0.30m；第 8.2.7 条规定了钢丝网骨架塑料复合管道最小管顶覆土深度，在人行道下不宜小于 0.80m，在轻型车道下不应小于 1.0m，且应在冰冻线下 0.3m。

因此不管管道的材质如何，管道最小管顶覆土应在冰冻线以下 0.30m。

本题中冰冻线深度为 0.85m，管道最小管顶覆土应在 $0.85+0.30=1.15m$ 以下。

因此，D 和 E 正确。

【题3】 下列室外消火栓的设置中，符合现行国家标准的有（　　）。

　　A. 保护半径 150m　　　　　　B. 间距 120m

　　C. 扑救面一侧不宜小于 2 个　　D. 距离路边 0.5m

　　E. 距离建筑物外墙 2m

【参考答案】 ABCD

【命题思路】

该题主要考查室外消火栓的设置要求。

【解题分析】

《消防给水及消火栓系统技术规范》GB 50974—2014 第 7.3.1 条规定：建筑室外消火栓的布置除应符合本节的规定外，还应符合本规范第 7.2 节的有关规定。

第 7.3.2 条规定：建筑室外消火栓的数量应根据室外消火栓设计流量和保护半径经计算确定，保护半径不应大于 150m，每个室外消火栓的出流量宜按 10~15L/s 计算。

第 7.3.3 条规定：室外消火栓宜沿建筑周围均匀布置，且不宜集中布置在建筑一侧；建筑消防扑救面一侧的室外消火栓数量不宜少于 2 个。

第7.2.5条规定：市政消火栓的保护半径不应超过150m，且间距不应大于120m。

第7.2.6条规定：市政消火栓应布置在消防车易于接近的人行道和绿地等地点，且不应妨碍交通，并应符合下列规定：1 距路边不宜小于0.5m，并不应大于2m；2 距建筑外墙（缘）不宜小于5m。

根据第7.2.5条和第7.3.2条，选项A和B正确；根据第7.3.3条，选项C正确；根据第7.2.6条，选项D正确，选项E错误。

【题4】根据现行国家标准，室内消火栓系统竣工验收时，应检查的内容有（　　）。

　　A. 消火栓设置位置　　　　　　B. 栓口压力
　　C. 消防水带长度　　　　　　　D. 消火栓安全高度
　　E. 消火栓试验强度

【参考答案】ABD
【命题思路】
　　该题主要考查室内消火栓的竣工验收要求。
【解题分析】
　　《消防给水及消火栓系统技术规范》GB 50974—2014 第13.2.13条规定：应检查消火栓的设置场所、位置、规格、型号、室内消火栓的安装高度、消火栓的减压装置和活动部件等。

　　因此，A、B、D正确。

【题5】下列消火水泵控制柜的IP等级中，符合现行国家标准的有（　　）。

　　A. IP25　　　　　　　　　　B. IP35
　　C. IP45　　　　　　　　　　D. IP55
　　E. IP65

【参考答案】DE
【命题思路】
　　该题考查消防水泵控制柜的IP防护等级要求。
【解题分析】
　　《消防给水及消火栓系统技术规范》GB 50974—2014 第11.0.9条规定：消防水泵控制柜设置在独立的控制室时，其防护等级不应低于IP30；与消防水泵设置在同一空间时，其防护等级不应低于IP55。

　　本题中，消防水池、消防水泵房共同设置在地下一层，因此消防水泵控制柜防护等级不应低于IP55。

　　选项D和E正确。

【题6】工程竣工验收时应测试的消防水泵性能有（　　）。

　　A. 电机功率全覆盖性能曲线　　B. 设计流量和扬程
　　C. 零流量的压力　　　　　　　D. 1.5倍设计流量的压力
　　E. 水泵控制功能

【参考答案】BCD
【命题思路】
　　该题考查消防水泵的验收要求。

【解题分析】

《消防给水及消火栓系统技术规范》GB 50974—2014 第 13.2.6 条规定消防水泵验收时应符合的要求：

1 消防水泵运转应平稳，应无不良噪声的振动；

2 工作泵、备用泵、吸水管、出水管及出水管上的泄压阀、水锤消除设施、止回阀、信号阀等的规格、型号、数量，应符合设计要求；吸水管、出水管上的控制阀应锁定在常开位置，并应有明显标记；

3 消防水泵应采用自灌式引水方式，并应保证全部有效储水被有效利用；

4 分别开启系统中的每一个末端试水装置、试水阀和试验消火栓，水流指示器、压力开关、低压压力开关、高位消防水箱流量开关等信号的功能，均应符合设计要求；

5 打开消防水泵出水管上试水阀，当采用主电源启动消防水泵时，消防水泵应启动正常；关掉主电源，主、备电源应能正常切换；备用泵启动和相互切换正常；消防水泵就地和远程启停功能应正常；

6 消防水泵停泵时，水锤消除设施后的压力不应超过水泵出口设计额定压力的 1.4 倍；

7 消防水泵启动控制应置于自动启动挡；

8 采用固定和移动式流量计和压力表测试消防水泵的性能，水泵性能应满足设计要求。

检查数量：全数检查。

检查方法：直观检查和采用仪表检测。

对于该题，电机功率全覆盖性能曲线是设计选型内容，不属于验收时测试的内容，选项 A 错误；水泵控制功能属于控制柜的验收要求（见《消防给水及消火栓系统技术规范》第 13.2.16 条），选项 E 错误。

【题 7】对系统进行季度检查时发现，消防水泵的自动和远程手动功能均失效，机械应急启动功能有效，消防水泵控制柜故障的可能原因有（　　）。

A. 控制回路继电器故障　　　　　　B. 控制回路电气线路故障

C. 主电源故障　　　　　　　　　　D. 交流接触电磁系统故障

E. 信号输出模块故障

【参考答案】AB

【命题思路】

该题考查消防水泵机械应急系统的构成和工作理念，以及控制柜故障的可能原因。

【解题分析】

《消防给水及消火栓系统技术规范》GB 50974—2014 第 11.0.12 条规定：消防水泵控制柜应设置机械应急启泵功能，并应保证在控制柜内的控制线路发生故障时由有管理权限的人员在紧急时启动消防水泵。手动时应在报警 5min 内正常工作。

条文说明：压力开关、流量开关等弱电信号和硬拉线是通过继电器来自动启动消防泵的，**如果弱电信号因故障或继电器等故障不能自动启动消防泵时，应设置机械紧急启动装置**。

当消防水泵控制柜内的控制线路发生故障而不能使消防水泵自动启动时，若立即进行排除线路故障的修理会受到人员素质、时间上的限制，所以在消防发生的紧急情况下是不可能进行的。为此本条的规定使得消防水泵只要供电正常的条件下，无论控制线路如何都能强制启动，以保证火灾扑救的及时性。

该手动机械启动装置在操作时必须由被授权的人员来进行，且此时从报警到消防水泵的正常运转的时间不应大于5min，这个时间可包含了管理人员从控制室至消防泵房的时间。

该题中消防水泵的机械应急启动功能有效，说明主电源正常、启泵信号能够反馈，选项C和E错误。消防水泵控制柜的继电器接触系统多采用直流，选项D错误。

【题8】针对消防水泵经常误动作，下列整改措施中，可行的有（　　）。
A. 检测管道漏水点并补漏　　　　B. 更换流量开关
C. 关闭消防水箱的出水管　　　　D. 调整流量开关启动流量至2.5L/s
E. 更换控制柜

【参考答案】AD
【命题思路】
本题主要考查消防水泵误动作的原因及可能的整改措施。
【解题分析】
1. 题目给出勘查后发现，高位消防水箱的补水量比竣工验收时增加了1倍，因此目前管网的泄露量为$0.75 \times 2 = 1.5$L/s，接近高位消防水箱出水管上流量开关的设定值1.75L/s，容易发生误动作，导致消防水泵频繁误动作，高位消防水箱的补水量出现增加。
2. 如果能查出漏水点并补漏，可避免消防水泵经常误动作。选项A正确。
3. 提高流量开关启动流量至2.5L/s，可避免流量开关经常开启，防止消防水泵误动作。因此选项D正确。但是考生应该了解，这个措施不治本，根本上还是要解决泄漏的问题。
4. 消防水泵经常动作，说明流量开关和消防控制柜工作正常，不必更换。选项B和E错误。
5. 关闭消防水箱出水管将导致高位水箱无法工作，绝对禁止。选项C错误。

第二题

某购物中心地上6层，地下3层，总建筑面积126000m³，建筑高度35.0m。地上1~5层为商场，6层为餐饮，地下1层为超市、汽车库，地下2层为发电机房、消防水泵房、空调机房、排烟风机房等设备用房和汽车库、地下3层为汽车库。2017年6月5日，当地公安消防机构对购物中心进行消防监督检查，购物中心消防安全管理人首先汇报了自己履职情况，主要有：实施和组织落实（一）拟定年度消防工作计划，组织实施日常消防安全管理工作；（二）组织制订消防安全制度和保障消防安全的操作规程并检查督促其落实；（三）组织实施防火检查工作；（四）组织实施单位消防设施、灭火器材和消防安全标志的维护保养，确保其完好有效；（五）组织管理志愿消防队；（六）在员工中组织开展消防知识、技能的宣传教育和培训，组织灭火和应急疏散预案的实施和演练。然后，检查组对该购物中心的消防安全管理档案进行了检查，其中包括：消防安全教育、培训，防火检查、巡查，灭火和应急疏散预案演练，消防控制室值班，用火用电管理，易燃易爆危险品和场所防火防爆，志愿消防队的组织管理，燃气和电气设备的检查和管理及消防安全考评和奖惩等消防安全管理制度。检查组还对 2017 年的消防教育培训的计划和内容进行检查，根据资料该单位消防培训的内容有消防法规、消防安全制度和保障消防安全的操作规程，本单位的火灾危险性和防火措施；灭火器材的使用方法；报火警和扑救初起火灾的知识和技能。最后，检查组对该购物中心进行了实地检查。在检查中发现：个别防火卷帘无法手动起降或防火卷帘下堆放商品；个别消火栓被遮挡；部分疏散指示标志损坏；少数灭火器压力不足；承租方正在对 3 层部分商场（约 6000 m^3）进行重新装修并拟改为儿童游乐场所，未向当地公安消防机构申请消防设计审核。在检查消防控制室时，消防监督员对消防控制室的值班人员现场提问：接到火灾报警后，你如何处置？值班人员回答："接到火灾报警后，通过对讲机通知安全巡场人员携带灭火器到达现场核实火情，确认发生火灾后，立即将火灾报警联动控制开关转换成自动状态，同时启动消防应急广播，同时拨打保安经理电话，保安经理同意后拨打"119"报警。报警时说明火灾地点，起火部位，着火物种类和火势大小，留下姓名和联系电话，报警后到路口迎接消防车"。

根据以上材料，回答下列问题（共 16 分，每题 2 分。每题的备选项中，有 2 个或者 2 个以上符合题意，至少有一个错项。错选，本题不得分；少选，所选的每个选项得 0.5 分）

【题1】根据《机关、团体、企业，事业单位消防安全管理规定》（公安部令第 61 号），消防安全管理人还应当实施和组织落实的消防安全管理工作有（ ）。

  A. 确定逐级消防安全责任
  B. 确保疏散通道和安全出口畅通
  C. 拟订消防安全工作的资金投入和组织保障方案
  D. 组织实施火灾隐患整改工作
  E. 招聘消防控制室值班人员

【参考答案】BCD
【命题思路】
  本题考查消防安全管理人负责的工作内容。
【解题分析】
  《机关、团体、企业、事业单位消防安全管理规定》（公安部令第 61 号令）第七条，单位可以根据需要确定本单位的消防安全管理人。消防安全管理人对单位的消防安全责任人负责，实施和组织落实下列消防安全管理工作：
  （一）拟订年度消防工作计划，组织实施日常消防安全管理工作；
  （二）组织制订消防安全制度和保障消防安全的操作规程并检查督促其落实；
  （三）拟订消防安全工作的资金投入和组织保障方案；
  （四）组织实施防火检查和火灾隐患整改工作；
  （五）组织实施对本单位消防设施、灭火器材和消防安全标志的维护保养，确保其完好有效，确保疏散通道和安全出口畅通；
  （六）组织管理专职消防队和义务消防队；
  （七）在员工中组织开展消防知识、技能的宣传教育和培训，组织灭火和应急疏散预案的实施和演练；

（八）单位消防安全责任人委托的其他消防安全管理工作。

因此，选项 B、C、D 正确；确定逐级消防安全责任是消防安全责任人的职责，选项 A 错误；招聘人员是单位人力资源部门的职责，选项 E 错误。

【题2】根据《机关、团体、企业、事业单位消防安全管理规定》（公安部令第61号），该购物中心还应制定（　　）。

  A. 安保组织制度　　　　　　B. 安全疏散设施管理制度
  C. 火灾隐患整改制度　　　　D. 安全生产例会制度
  E. 消防设施、器材维护管理制度

【参考答案】BCE

【命题思路】

  本题考查单位消防安全制度的主要内容。

【解题分析】

  《机关、团体、企业、事业单位消防安全管理规定》（公安部令第61号令）第十八条，单位应当按照国家有关规定，结合本单位的特点，建立健全各项消防安全制度和保障消防安全的操作规程，并公布执行。

  单位消防安全制度主要包括以下内容：消防安全教育、培训；防火巡查、检查；**安全疏散设施管理**；消防（控制室）值班；**消防设施、器材维护管理**；**火灾隐患整改**；用火、用电安全管理；易燃易爆危险物品和场所防火防爆；专职和义务消防队的组织管理；灭火和应急疏散预案演练；燃气和电气设备的检查和管理（包括防雷、防静电）；消防安全工作考评和奖惩；其他必要的消防安全内容。

  根据该条的内容，选项 B、C、E 正确。

【题3】根据《机关、团体、企业、事业单位消防安全管理规定》（公安部令第61号），该购物中心中应确定为消防安全重点部位的有（　　）。

  A. 空调机房　　　　　　B. 消防控制室
  C. 汽车库　　　　　　　D. 发电机房
  E. 消防水泵房

【参考答案】BCDE

【命题思路】

  本题主要考查如何确定消防安全重点部位。

【解题分析】

  教材《消防安全技术综合能力》第5篇第2章第4节，消防安全重点部位的确定通常可以从以下几个方面来考虑：

（1）容易发生火灾的部位；
（2）发生火灾后对消防安全有重大影响的部位；
（3）性质重要、发生事故影响全局的部位；
（4）财产集中的部位；
（5）人员集中的部位。

  根据教材内容，选项 B、C、D、E 正确。

2017年一级注册消防工程师《消防安全案例分析》真题及答案

【题4】根据《机关、团体、企业、事业单位消防安全管理规定》（公安部令第61号），该购物中心消防档案中必须存放有（　　）。

A. 灭火和应急疏散预案
B. 灭火和应急疏散预案的演练记录
C. 消防控制室值班人员的消防控制室操作职业资格证书
D. 消防设施的设计图
E. 消防安全培训记录

【参考答案】ABCE

【命题思路】

本题考查消防档案的存放内容。

【解题分析】

《机关、团体、企业、事业单位消防安全管理规定》（公安部令第61号令）第四十一条，消防安全重点单位应当建立健全消防档案。消防档案应当包括消防安全基本情况和消防安全管理情况。消防档案应当翔实，全面反映单位消防工作的基本情况，并附有必要的图表，根据情况变化及时更新。

《机关、团体、企业、事业单位消防安全管理规定》（公安部令第61号令）第四十二条，消防安全基本情况应当包括以下内容：

（一）单位基本概况和消防安全重点部位情况；

（二）建筑物或者场所施工、使用或者开业前的消防设计审核、消防验收以及消防安全检查的文件、资料；

（三）消防管理组织机构和各级消防安全责任人；

（四）消防安全制度；

（五）消防设施、灭火器材情况；

（六）专职消防队、义务消防队人员及其消防装备配备情况；

（七）与消防安全有关的重点工种人员情况；

（八）新增消防产品、防火材料的合格证明材料；

（九）灭火和应急疏散预案。

《机关、团体、企业、事业单位消防安全管理规定》（公安部令第61号令）第四十三条，消防安全管理情况应当包括以下内容：

（一）公安消防机构填发的各种法律文书；

（二）消防设施定期检查记录、自动消防设施全面检查测试的报告以及维修保养的记录；

（三）火灾隐患及其整改情况记录；

（四）防火检查、巡查记录；

（五）有关燃气、电气设备检测（包括防雷、防静电）等记录资料；

（六）消防安全培训记录；

（七）灭火和应急疏散预案的演练记录；

（八）火灾情况记录；

（九）消防奖惩情况记录。

根据以上内容，选项 A、B、C、E 正确。

选项 D 具有一定的迷惑性，消防档案存放的是项目审核、验收以及安全检查的文件、资料。而消防设施的设计图，是设计图纸，并非根据第 61 号令必须存放消防档案。

【题 5】下列人员中，可以作为该购物中心志愿消防队成员的有（　　）。

  A. 该单位的消防安全在责任人 B. 该单位的消防安全管理人
  C. 该单位的营业员 D. 维保公司维保该单位消防设施的技术人员
  E. 该单位的保安员

【参考答案】CE
【命题思路】
  该题考查志愿消防队员的构成。
【解题分析】
  志愿消防队员来自单位员工，是发生火灾时单位的主要灭火力量。故选 C、E。

【题 6】根据《机关、团体、企业、事业单位消防安全管理规定》（公安部令第 61 号），该购物中心的演练记录除了记明演练时间和参加部门外，还应当记明演练的（　　）。

  A. 经费 B. 地点
  C. 内容 D. 灭火器型号和数量
  E. 参加人员

【参考答案】BCE
【命题思路】
  该题考查灭火和应急疏散预案的演练记录需要记录的内容。
【解题分析】
  《机关、团体、企业、事业单位消防安全管理规定》（公安部令第 61 号令）第四十三条，灭火和应急疏散预案的演练记录，应当记明演练的时间、地点、内容、参加部门以及人员等。

【题 7】根据《机关、团体、企业、事业单位消防安全管理规定》（公安部第令 61 号），2017 年该购物中心的消防宣传教育和培训内容还应有（　　）。

  A. 消防控制室值班人员操作职业资格 B. 有关现行国家消防技术标准
  C. 该消防设施的性能 D. 自救逃生的知识和技能
  E. 组织、引导在场群众疏散的知识和技能

【参考答案】CDE
【命题思路】
  该题考查消防宣传教育和培训的相关内容。
【解题分析】
  《机关、团体、企业、事业单位消防安全管理规定》（公安部令第 61 号令）第三十六条，消防安全重点单位对每名员工应当至少每年进行一次消防安全培训。宣传教育和培训内容应当包括：
  （一）有关消防法规、消防安全制度和保障消防安全的操作规程；
  （二）本单位、本岗位的火灾危险性和防火措施；
  （三）有关消防设施的性能、灭火器材的使用方法；

(四)报火警、扑救初起火灾以及自救逃生的知识和技能。

公众聚集场所对员工的消防安全培训应当至少每半年进行一次,培训的内容还应当包括组织、引导在场群众疏散的知识和技能。

单位应当组织新上岗和进入新岗位的员工进行上岗前的消防安全培训。

该题题干描述,该单位消防培训的内容有:消防法规、消防安全制度和保障消防安全的操作规程;本单位的火灾危险性和防火措施;灭火器材的使用方法;报火警和扑救初起火灾的知识和技能。对照第三十六条的要求,选项C、D、E正确。

【题8】检查中发现的下列火灾隐患,根据《机关、团体、企业、事业单位消防安全管理规定》(公安部令第61号),应当责成当场改正的有(   )。

A. 防火卷帘无法手动起降　　　　B. 防火卷帘下堆放商品
C. 消火栓被遮挡　　　　　　　　D. 疏散指示标志损坏
E. 灭火器压力不足

【参考答案】BC
【命题思路】

该题考查违反消防安全规定的行为应当当场进行改正的相关内容。

【解题分析】

《机关、团体、企业、事业单位消防安全管理规定》(公安部令第61号令)第三十一条,对下列违反消防安全规定的行为,单位应当责成有关人员当场改正并督促落实:

(一)违章进入生产、储存易燃易爆危险物品场所的;

(二)违章使用明火作业或在具有火灾、爆炸危险的场所吸烟、使用明火等违反禁令的;

(三)将安全出口上锁、遮挡,或者占用、堆放物品影响疏散通道畅通的;

(四)消火栓、灭火器材被遮挡影响使用或者被挪作他用的;

(五)常闭式防火门处于开启状态,防火卷帘下堆放物品影响使用的;

(六)消防设施管理、值班人员和防火巡查人员脱岗的;

(七)违章关闭消防设施、切断消防电源的;

(八)其他可以当场改正的行为。

对照以上要求,选项B、C正确。

【题9】对承租方将部分商场改为儿童游乐场所的行为,根据《中华人民共和国消防法》,公安机关消防机构应责令停止施工并处罚款,罚款额度符合规定的有(   )。

A. 一万元以上五万元以下　　　　B. 二万元以上十万元以下
C. 三万元以上十五万元以下　　　D. 四万元以上二十万元以下

【参考答案】CD
【命题思路】

该题考查违反《消防法》规定的处罚措施。

【解题分析】

《消防法》第五十八条:违反本法规定,有下列行为之一的,责令停止施工、停止使用或者停产停业,并处三万元以上三十万元以下罚款:

(一)依法应当经公安机关消防机构进行消防设计审核的建设工程,未经依法审核或者审核不合格，擅自施工的；

（二）消防设计经公安机关消防机构依法抽查不合格，不停止施工的；

（三）依法应当进行消防验收的建设工程，未经消防验收或者消防验收不合格，擅自投入使用的；

（四）建设工程投入使用后经公安机关消防机构依法抽查不合格，不停止使用的；

（五）公众聚集场所未经消防安全检查或者经检查不符合消防安全要求，擅自投入使用、营业的。

承租方未经消防设计审核，擅自把部分商场改为儿童游乐场所，违反了《消防法》第五十八条第（一）款，选项C和D正确。

【题10】消防控制室值班人员的回答内容中，不符合《消防控制室通用技术要求》GB 255066—2010规定的有（　　　）。

A. 接到火灾报警后，通过对讲机通知安全巡视人员携带灭火器到达现场进行火情核实

B. 确认火灾后，立即将火灾报警联动控制开关转入自动状态，启动消防应急广播

C. 拨打保安经理电话，保安经理同意后拨打"119"报警

D. 报警时说明火灾地点，起火部位，着火物种类和火势大小，留下姓名和联系电话

E. 报警后到路口迎接消防车

【参考答案】ACE

【解题分析】

《消防控制室通用技术要求》GB 25506—2010 第4.2.2条，消防控制室的值班应急程序应符合下列要求：

a）接到火灾警报后，值班人员应立即以最快方式确认；

b）火灾确认后，值班人员应立即确认火灾报警联动控制开关处于自动状态，同时拨打"119"报警，报警时应说明着火单位地点、起火部位、着火物种类、火势大小、报警人姓名和联系电话；

c）值班人员应立即启动单位内部应急疏散和灭火预案，并同时报告单位负责人。

选项A，值班人员应立即以最快方式确认，不能通知别人去现场确认。错误。

选项C，确认火灾后，立即确认火灾报警联动控制开关处于自动状态，同时拨打"119"报警，而不是在保安经理同意后拨打"119"报警。错误。

选项E，消防室人员一个在火灾现场，一个在消控室坚守岗位，而不是到路口迎接消防车。错误。

第三题

某高层建筑，设计建筑高度为68.0m，总建筑面积为91200m²。标准层的建筑面积为2176m²，每层划分为1个防火分区；1~2层为上、下连通的大堂，3层设置会议室和多功能厅。4层以上用于办公；建筑的耐火等级设计为二级，其楼板、梁和柱的耐火极限分别为1.00h、2.00h和3.00h。高层主体建筑附近建了3层裙房，并采用防火墙及甲级防火门与高层主体建筑进行分隔；高层主体建筑和裙房的下部设置了3层地下室。**高层主体建**

筑设置了1部消防电梯，从首层大堂直通至顶层；消防电梯的前室在首层和3层采用防火卷帘和乙级防火门与其他区域分隔，在其他各层均采用乙级防火门和防火隔墙进行分隔。高层建筑内的办公室均为非开敞办公室，最大一间办公室的建筑面积为98m^2，办公室的最多使用人数为10人，人数最多的一层为196人，办公室内的最大疏散距离为23m，直通疏散走道的房间门至最近疏散楼梯间前室入口的最大直线距离为18m，且房间门均向办公室内开启，不影响疏散走道的使用。**核心筒内设置了1座防烟剪刀楼梯间用于高层主体建筑的人员疏散**，楼梯梯段以及从楼层进入疏散楼梯间前室和楼梯间的门的净宽度均为1.10m，核心筒周围采用环形走道与办公区分隔，走道隔墙的耐火极限为2.00h。高层主体建筑的3层增设了2座直通地面的防烟楼梯间。裙房的1~2层为商店，3层为展览厅。首层的建筑面积为8100m^2划分为1个防火分区；2、3层的建筑面积均为7640m^2，分别划分为2个建筑面积不大于4000m^2的防火分区；1~3层设置了一个上、下连通的中庭，除首层采用符合要求的防火卷帘分隔外，2、3层的中庭与周围连通空间的防火分隔为耐火极限1.50h的非隔热性防火玻璃墙。高层建筑地下1层设置餐饮、超市和设备室；地下2层为人防工程和汽车库、水泵房、消防水池、燃油锅炉房、变配电室（干式）等；地下3层为汽车库。地下各层均按标准要求划分了防火分区；其中，人防工程区的建筑面积为3310m^2，设置了歌厅、洗浴桑拿房、健身用房及影院，并划分歌厅、洗浴桑拿与健身、影院三个防火分区，建筑面积分别为820m^2、1110m^2和1380m^2。该高层建筑的室内消火栓箱内按要求配置了水带、水枪和灭火器。该高层主体建筑及裙房的消防应急照明的备用电源可连续保障供电60min，消防水泵、消防电梯等建筑内的全部消防用电设备的供电均能在这些设备所在防火分区的配电箱处自动切换。该高层建筑防火设计的其他事项均符合国家标准。

根据以上材料，回答下列问题（24分）。
1. 指出该高层建筑在结构耐火方面的问题，并给出正确做法。
2. 指出该高层建筑在平面布置方面的问题，并给出正确做法。
3. 指出该高层建筑在防火分区与防火隔离方面的问题，并给出正确的做法。
4. 指出该高层建筑在安全疏散方面的问题，并给出正确的做法。
5. 指出该高层建筑在灭火救援设施方面的问题，并给出正确的做法。
6. 指出该高层建筑在消防设施与消防电源方面的问题，并给出正确做法。

【题1】 指出该高层建筑在结构耐火方面的问题，并给出正确做法。
【参考答案】
  楼板的耐火极限仅1.0h，不妥。
  正确做法：楼板的耐火极限不低于1.5h。
【命题思路】
  该题主要考查建筑的耐火等级及耐火极限等相关要求，需要根据建筑物的高度和使用功能判断建筑物的耐火等级，并根据耐火等级确定构件的耐火极限。
【解题分析】
  首先判断该建筑的耐火等级，再确定构件的耐火极限。
  该建筑高度为68m，为大于50m的公共建筑，根据《建筑设计防火规范》GB 50016—2014 表5.1.1，该建筑应为一类高层公共建筑；第5.1.3条，其耐火等级不应低于一级；再根据第 5.1.2 条的规定，一级耐火等级民用建筑楼板的耐火极限不应低于 1.50h。

【题 2】指出该高层建筑在平面布置方面的问题，并给出正确做法。

【参考答案】

（1）在地下二层设置燃油锅炉房，不妥。

正确做法：设在首层或地下 1 层的靠外墙部位，且不应设在人员密集场所的上一层、下一层或贴邻。

（2）在人防工程的地下 2 层设置歌厅、洗浴桑拿房，不妥。

正确做法：设置在地上 1 层及以上楼层，如果设置在地下 1 层，室内地面与室外出入口地坪高差不应大于 10m。

【命题思路】

该题考查建筑平面布置方面的相关要求，需要掌握燃油锅炉房和人防工程在建筑内部的设置要求。

【解题分析】

《建筑设计防火规范》GB 50016—2014 第 5.4.12 条，燃油锅炉应设置在首层或地下一层的靠外墙部位。因此设置在地下二层是不妥的。设置时还应考虑，不应设在人员密集场所的上一层、下一层或贴邻。

《人民防空工程设计防火规范》GB 50098—2009 第 3.1.5 条，歌舞娱乐放映游艺场所，不应设置在地下二层及以下层。

【题 3】指出该高层建筑在防火分区与防火隔离方面的问题，并给出正确的做法。

【参考答案】

（1）裙房首层一个防火分区建筑面积为 8100m^2，不妥。

正确做法：划分两个防火分区，每个防火分区面积不大于 5000m^2。

（2）2、3 层的中庭与周围连通空间的防火分隔为耐火极限 1.5h 的非隔热性防火玻璃墙，不妥。

正确做法：采用耐火完整性不低于 1.0h 的非隔热性防火玻璃墙且设置自动喷水灭火系统保护，或者采用耐火隔热性和完整性都不低于 1.0h 的防火玻璃墙。

（3）人防工程影院面积 1380m^2 为 1 个防火分区，不妥。

正确做法：划分为 2 个防火分区且每个防火分区面积不应大于 1000m^2。

（4）汽车库楼板耐火极限为 1.5h，不妥。

正确做法：应改为耐火极限 2h 的楼板。

【命题思路】

该题主要考查建筑平面防火分区面积与防火分隔的相关要求。涉及内容较多，需要掌握高层建筑裙房及人防工程防火分区面积的大小、中庭与周围区域的防火分隔方式等方面的知识点。

【解题分析】

（1）《建筑设计防火规范》GB 50016—2014 表 5.3.1 注 2，裙房的防火分区可按单、多层建筑的要求确定。本建筑设有自动喷水系统，根据表 5.3.1，其裙房防火分区的最大允许建筑面积为 5000m^2。因此应划分为两个防火分区。

(2) 根据《建筑设计防火规范》GB 50016—2014 第 5.3.2 条,中庭的分隔方式有四种:防火隔墙、防火玻璃墙、防火玻璃墙+自动喷水灭火系统保护、防火卷帘。

耐火完整性和耐火隔热性是防火玻璃的两大指标,根据《建筑用安全玻璃 第 1 部分:防火玻璃》GB 15763.1—2009,简单来说,耐火完整性是指玻璃构件不发生破裂,不会因火焰和热气穿透引燃背后可燃物能力;耐火隔热性是指玻璃构件背火面温升较低,不会因温度上升引燃背后可燃物的能力。因此,用作中庭分隔的防火玻璃墙,要么同时具备耐火完整性和耐火隔热性,要么只有耐火完整性,但采用自动喷水灭火系统保护以满足隔热要求。

本题目题干中的防火玻璃墙采用"耐火极限 1.5h 的非隔热性防火玻璃墙",根据以上解释,只具有耐火完整性的防火玻璃墙是不够的,而要采用耐火隔热性和耐火完整性不低于 1.00h 的防火玻璃墙,或采用耐火完整性不低于 1.00h 的非隔热性防火玻璃墙加自动喷水灭火系统进行保护。

(3) 根据《人民防空工程设计防火规范》GB 50098—2009 第 4.1.3 条第 2 款,电影院、礼堂的观众厅防火分区最大允许建筑面积不应大于 1000m^2,即使设置有火灾自动报警系统和自动灭火系统,也不得增加防火分区面积。

本题人防工程影院面积 1380m^2 为 1 个防火分区,不妥。应该划分为 2 个防火分区且每个防火分区面积不应大于 1000m^2。

(4) 根据《汽车库、修车库、停车场设计防火规范》GB 50067—2014 第 5.1.6 条第 2 款,设在建筑物内的汽车库(包括屋顶停车场)、修车库与其他部位之间,应采用防火墙和耐火极限不低于 2.00h 的不燃性楼板分隔。

【题 4】指出该高层建筑在安全疏散方面的问题,并给出正确的做法。
【参考答案】
(1) 楼梯梯段及从楼层进入疏散楼梯间前室和楼梯间的门的净宽度均为 1.10m,不合理。

正确做法:疏散楼梯梯段和楼梯间首层疏散门的最小净宽度为 1.2m。

(2) 核心筒设置了 1 座防烟剪刀楼梯间用于高层主体建筑的人员疏散,不合理。

正确做法:调整直通疏散走道的房间门至最近疏散楼梯间前室入口的疏散距离,使其不大于 10m;或者增加一座疏散楼梯间。

【命题思路】
该题主要考查高层建筑疏散楼梯及楼梯间首层疏散门的净宽度及剪刀楼梯间设置条件等方面的相关知识点。

【解题分析】
(1) 《建筑设计防火规范》GB 50016—2014 第 5.5.18 条,高层公共建筑内楼梯间首层疏散门及疏散楼梯的最小净宽度不应小于 1.2m。

(2) 《建筑设计防火规范》GB 50016—2014 第 5.5.10 条规定了高层公共建筑设置剪刀楼梯间的前提条件为任一疏散门至最近疏散楼梯间入口的距离不大于 10m。

该题中直通疏散走道的房间门至最近疏散楼梯间前室入口的最大直线距离为 18m,超过 10m。

【题 5】指出该高层建筑在灭火救援设施方面的问题,并给出正确的做法。

【参考答案】

(1) 高层主体建筑设置了1部消防电梯，从首层大堂直通至顶层，不合理。

正确做法：在设置消防电梯的建筑的地下或半地下室，也应设置消防电梯，消防电梯从地下三层直通顶层；增加消防电梯数量，保证包括地下三层在内的每个防火分区均有不少于一部消防电梯。

(2) 消防电梯的前室在首层和三层采用防火卷帘和乙级防火门与其他区域分隔，不合理。

正确做法：前室不应设置卷帘进行分隔，应设置乙级防火门进行分隔。

【命题思路】

该题主要考查建筑内消防电梯的设置要求，需要掌握消防电梯的设置区域和数量、消防电梯前室的设置要求等知识点。

【解题分析】

(1) 根据《建筑设计防火规范》GB 50016—2014 第 7.3.1 条第 3 款，设置了消防电梯的建筑的地下或半地下室，也应该设置消防电梯。

(2) 根据《建筑设计防火规范》GB 50016—2014 第 7.3.5 条第 3 款，消防电梯的前室或合用前室的门应采用乙级防火门，不应设置卷帘。

【题6】指出该高层建筑在消防设施与消防电源方面的问题，并给出正确做法。

【参考答案】

(1) 消防水泵、消防电梯等建筑内的全部消防用电设备的供电均能在这些设备所在防火分区的配电箱处自动切换，不合理。

正确做法：消防水泵、消防电梯的消防用电设备的供电在最末一级配电箱处设置自动切换，其他消防设备的电源应能在每个防火分区配电间内自动切换。

(2) 高层建筑的室内消火栓箱内按要求配置了水带、水枪和灭火器，不能完全满足要求。

正确做法：应增设消防软管卷盘或轻便消防水龙。

【命题思路】

该题主要考查建筑内消防供配电及消防软管卷盘（或轻便消防水龙）的设置要求等知识点。

【解题分析】

(1)《建筑设计防火规范》GB 50016—2014 第 10.1.8 条，消防水泵、防排烟风机的消防用电设备及消防电梯的供电，应在其配电线路的最末一级配电箱处自动切换装置。关于最末一级配电箱：对于消防控制室、消防水泵房、防烟和排烟风机房的消防用电设备及消防电梯等，为上述消防设备或消防设备室处的最末级配电箱；对于其他消防设备用电，如消防应急照明和疏散指示标志等，为这些用电设备所在防火分区的配电箱。

(2)《建筑设计防火规范》GB 50016—2014 第 8.2.4 条，人员密集的公共建筑内应设置消防软管卷盘或轻便消防水龙。

第四题

消防技术服务机构对某商业大厦中的湿式自动喷水系统进行验收前检测。该大厦地上

5层，地下1层，建筑高度22m，层高均为4.5m，每层建筑面积均为1080m²。5层经营地方特色风味餐饮，1~4层为服装、百货、手机电脑经营等，地下1层为停车库及设备用房。该大厦顶层的钢屋架采用自动喷水灭火系统保护，其给水管网串联接入大厦湿式自动喷水灭火系统的配水干管。大厦屋顶设置符合国家标准要求的高位消防水箱及稳压泵，消防水池和消防水泵均设置在地下一层。消防水池为两路供水，有效容积为105m³且无消防水泵吸水井。自动喷水灭火系统的供水泵为两台流量为40L/s、扬程为0.85MPa的卧式离心水泵（一用一备）。检查时发现：钢屋架处的自动喷水管网未设置独立的湿式报警阀，且未安装水流指示器，消防技术服务机构人员认为这种做法是错误的。随后又发现如下情况：消防水泵出水口处的止回阀下游与明杆闸阀之间的管路上安装了压力表，但吸水管路上未安装压力表；湿式报警阀的报警口与延迟器之间的阀门处于关闭状态。业主解释说，此阀一开，报警就异常灵敏而频繁动作报警。检测人员对湿式报警阀相关的管路及附件、控制线路、模块、压力开关等进行了全面检查，未发现异常。消防技术服务机构人员将末端试水装置打开，湿式报警阀、压力开关相继动作，主泵启动，运行5min后，在业主建议下，将其余各层喷淋系统给水管网上的试水阀打开，观察给水管网是否通畅。全部试水阀打开10min后，主泵虽仍运行，但出口压力显示为零；切换至备用泵实验，结果同前。经核查，电气设备、主备用水泵均无故障。

根据以上材料，回答以下问题（共20分）。
1. 水泵出水管路处压力表的安装位置是否正确？说明理由。
2. 有人说，水泵吸水管上应安装与出水管相同规格型号的压力表，这种说法是否正确？说明理由。
3. 消防技术服务机构人员认为该大厦钢屋架处独立的自动喷水管网上应安装湿式报警阀及水流指示器，这种说法是否正确？简述理由。
4. 分析有可能导致报警阀异常灵敏而频繁启动的原因，并给出解决方法。
5. 分析有可能导致自动喷水灭火系统主、备用水泵出水管路压力为零的原因。

【题1】水泵出水管路处压力表的安装位置是否正确？说明理由。
【参考答案】
水泵出水管路处压力表的安装位置不正确。
理由：水泵出水管路处压力表应安装在止回阀的上游管道，以便观察水锤消除后的压力是否超过消防水泵出口设计额定压力的1.4倍。
【命题思路】
该题考查出水管上压力表的安装位置。考生需掌握出水管上压力表的作用，以便做出正确判断。
【解题分析】
《消防给水及消火栓系统技术规范》GB 50947—2014第13.2.6条第6款规定，消防水泵停泵时，水锤消除设施后的压力不应超过水泵出口设计额定压力的1.4倍。
因此，出水管压力表应安装在止回阀的上游管道，以便观察水锤消除后的压力值。
【题2】有人说，水泵吸水管上应安装与出水管相同规格型号的压力表，这种说法是否正确？说明理由。

【参考答案】

这种说法是错误的。

理由：(1) 出水管压力表的最大量程不应低于水泵额定工作压力的 2 倍，且不应低于 1.60MPa；(2) 吸水管宜安装真空表、压力表或者真空压力表，压力表的最大量程应根据高层和具体情况确定，但不应低于 0.70MPa，真空表的最大量程宜为 −0.1MPa。

【命题思路】

该题考查消防水泵吸水管和出水管上压力表的规格和类型。

【解题分析】

《消防给水及消火栓系统技术规范》GB 50947—2014 第 5.1.17 条规定，消防水泵吸水管和出水管上应设置压力表，并应符合下列规定：

1 出水管压力表的最大量程不应低于水泵额定工作压力的 2 倍，且不应低于 1.60MPa；

2 吸水管宜设置真空表、压力表或真空压力表，压力表的最大量程应根据工程具体情况确定，但不应低于 0.70MPa，真空表的最大量程宜为 −0.10MPa；

3 压力表的直径不应小于 100mm，应采用直径不小于 6mm 的管道与消防水泵进出口管相接，并应设置关断阀门。

从该条第 1 和第 2 款可见，出水管和吸水管上可以安装不同规格和型号的压力表。

【题3】消防技术服务机构人员认为该大厦钢屋架处独立的自动喷水管网上应安装湿式报警阀及水流指示器，这种说法是否正确？简述理由。

【参考答案】

这种说法不完全正确。

理由：保护钢屋架的闭式系统应为独立的自动喷水灭火系统，所以应该设置独立的湿式报警阀组。水流指示器的功能，是及时报告发生火灾的部位。当湿式报警阀组仅用于保护钢屋架时，压力开关和水力警铃已经可以起到这种作用，故钢屋架处的自动喷水灭火系统无需设置水流指示器。

【命题思路】

该题主要考查自动喷水灭火系统湿式报警阀及水流指示器的相关安装要求。

【解题分析】

《自动喷水灭火系统设计规范》GB 50084—2017 第 6.2.1 条规定，自动喷水灭火系统保护室内钢屋架等建筑件的闭式系统，应设独立的报警阀组。

因此，题干中设置独立的湿式报警阀是正确的。

《自动喷水灭火系统设计规范》GB 50084—2017 第 6.3.1 条规定，除报警阀组控制的洒水喷头只保护不超过防火分区面积的同层场所外，每个防火分区、每个楼层均应设水流指示器。

【题4】分析有可能导致报警阀异常灵敏而频繁启动的原因，并给出解决方法。

【参考答案】

可能导致报警阀异常灵敏而频繁启动的原因如下：

(1) 阀瓣密封垫老化或者损坏。解决方法：更换密封垫。

(2) 阀瓣组件与阀座之间因变形或者污垢、杂物阻挡出现不密封状态。解决方法：冲洗阀瓣、阀座，如仍不能满足可更换组件。

（3）系统侧管路渗漏，导致阀瓣经常开启。解决方法：全面检查系统侧管路和附件，修补渗漏。

（4）系统侧喷头损坏漏水，导致报警阀一直动作误报警。解决方法：全面检查系统侧喷头，替换损坏喷头。

【解题分析】

可能导致报警阀异常灵敏而频繁启动的原因有很多，题干中指出湿式报警阀报警，压力开关和水力警铃均动作，排除了压力开关和水力警铃本身误动作，原因在于有水流进报警管路并充满延迟器；检测人员对湿式报警阀相关的管路及附件、控制线路、模块、压力开关等进行了全面检查，未发现异常，排除了报警阀管路故障、节流孔堵塞、模块及压力开关损坏等原因，因此从报警阀本身动作分析，可能存在报警阀瓣处漏水、系统侧喷头或管道漏水等原因。

【题5】分析有可能导致自动喷水灭火系统主、备用水泵出水管路压力为零的原因。

【参考答案】

（1）消防水池容积过小，水量不足。

（2）水泵吸水不满足自灌式吸水要求。

（3）水泵吸水管路堵塞或吸水管闸阀关闭，水泵无法吸水。

（4）压力表本身损坏。

（5）压力表测试管路堵塞或管路控制阀关闭，无法测量压力。

【解题分析】

导致自动喷水灭火系统主、备用水泵出水管路压力为零的原因有很多，题干对电气设备、主备用水泵进行了检查，排除了电气设备及水泵本身的故障。因此，原因可能来自消防水池或压力表本身，如消防水池无水、无法满足水泵自灌式吸水、水泵吸水管路堵塞或闸阀关闭、压力表损坏、压力表测试管路堵塞或管路控制阀关闭等。

第五题

某商业大厦按规范要求设置了火灾自动报警系统、自动喷水灭火系统以及气体灭火系统等建筑消防设施，消防技术服务机构受业主委托，对相关消防设施进行检测，有关情况如下：

1. 火灾自动报警设施功能性检测

消防技术服务机构人员切断火灾报警控制器电源，控制器显示电源故障，选择2只感烟探测器加烟测试，控制器正确显示报警信息，5min后，控制器自行关机。恢复控制器主电源供电，控制器重新开机工作正常。现场拆下一只探测器，将探测器底座上的总线信号端子短路，控制器上显示48条探测器故障信息。检测过程中控制器显示屏上显示2只感烟探测器报故障情况，据业主值班人员介绍，经常有此类故障出现，一般取下后用高压气枪吹扫几次后就可以恢复。检测人员到现场找到故障探测器，取下后用高压气枪吹扫，然后重新安装到原来位置，其中一只探测器恢复正常，另一只探测器故障依然存在，更换新的探测器后，该故障依然存在。

该商业大厦中庭高15m，设置了1台管路吸气式火灾探测器，安装在距地面1.5m高的墙面上，探测器采样管路长90m，垂直管路上每隔4m设置一个采样孔。消防技术服务机构人员随机选择一个采样孔加烟进行报警功能测试，125s后探测器报警；封堵末端采样孔后，120s时探测器报气流故障。

2.自动喷水灭火系统联动控制功能检测

消防技术服务机构人员开启末端试水装置，湿式报警阀、压力开关随之动作，但喷淋泵一直未启动，再将火灾报警控制器的联动启泵功能设置为自动方式后，喷淋泵自动启动。

3.气体灭火联动控制功能检测

配电室设置了5套预制七氟丙烷气体灭火装置，消防技术服务机构人员加烟触发配电室内一只感烟探测器报警，再加温触发一只感温探测器报警，配电室内声光报警器随之启动，但气体灭火控制器一直没有输出灭火启动及联动控制信号；按下气体灭火控制器上的启动按钮，气体灭火控制器仍然一直没有输出灭火启动及联动控制信号。经检查，确认气体灭火控制连接线路及接线均无问题。

根据以上材料，回答下列问题（共24分）。

1.指出火灾自动报警系统存在的问题，并简要说明原因。

2.指出消防技术服务机构检测人员处理探测器故障的方式是否正确并说明理由，探测器故障的原因可能有哪些？

3.指出吸气式探测器设置功能及测试方法有哪些不符合规范之处，并说明理由。

4.指出自动喷水系统的喷淋泵启动控制是否符合规范要求并说明理由。

5.指出配电室气体灭火控制功能不符合规范之处，并说明理由。

6.气体灭火控制器没有输出灭火启动及联动控制信号的原因主要有哪些？

【题1】指出火灾自动报警系统存在的问题，并简要说明原因。

【参考答案】

火灾自动报警系统存在的问题如下：

（1）备用电源工作5min后控制器即自行关机，说明备用电源电量不足，要求连续工作时间应在3h以上。

（2）控制器上显示48条探测器故障信息，不合格。系统总线上应设置总线短路隔离器，每只总线短路隔离器保护的火灾探测器、手动火灾报警按钮和模块等消防设备的总数不应超过32点。

【命题思路】

该题主要考查火灾自动报警系统的相关设置要求，需要考生掌握备用电源的工作时间及总线短路隔离器保护点位数量等知识点。

【解题分析】

（1）《火灾自动报警系统设计规范》GB 50116—2013第10.1.5条规定，蓄电池备用电源应保证火灾自动报警系统及联动控制系统在火灾状态同时工作负荷条件下连续工作3h以上。

该题中备用电源工作5min后，控制器自行关机，恢复控制器主电源供电后重新开机工作正常，说明控制器完好，但是备用电源电量不足。

(2)《火灾自动报警系统设计规范》GB 50116—2013 第 10.1.5 条规定，系统总线上应设置总线短路隔离器，每只总线短路隔离器保护的火灾探测器、手动火灾报警按钮和模块等消防设备的总数不应超过 32 点。

该题中一只总线短路隔离器保护的点位总数达 48 点，超过规范要求的 32 点。

【题2】指出消防技术服务机构检测人员处理探测器故障的方式是否正确并说明理由，探测器故障的原因可能有哪些？

【参考答案】

检测人员处理探测器故障的方式不正确。

理由：检测人员应该对可能导致探测器故障的原因进行逐一排查，找到具体原因然后予以解决。

探测器故障的原因可能有：

(1) 探测器与底座脱落，接触不良；

(2) 报警总线与底座接触不良；

(3) 报警总线开路或接地性能不良造成短路；

(4) 探测器本身损坏；

(5) 探测器接口板故障。

【命题思路】

本题主要考查检测人员对火灾探测器故障的处理方式及火灾探测器的可能故障。

【解题分析】

导致感烟探测器故障的原因有很多，如本身损坏、接触不良、短路、接口故障等原因，检测人员应该对这些故障原因进行逐一排查。检测人员虽然在现场通过高压气枪吹扫解决了其中一只感烟探测器可能存在的积灰尘的原因，但是另外一只还存在别的原因，应该逐一排查并予以解决。

【题3】指出吸气式探测器设置功能及测试方法有哪些不符合规范之处，并说明理由。

【参考答案】

测试不合规范要求的地方如下：

(1) 随机选择一个采样孔加烟进行报警功能测试，不合规范要求：应逐一在采样管最末端（最不利处）采样孔加入试验烟进行测试。

(2) 125s 后探测器报警，不合规范要求：探测器应在 120s 内发出火灾报警信号。

(3) 封堵末端采样孔后，120s 时探测器报气流故障，不合规范要求：探测器应在 100s 内发出故障信号。

【命题思路】

本题主要考查检测人员对吸气式探测器设置功能及测试方法的处理方式，考生需掌握吸气式火灾探测器的测试方法及响应时间等知识点。

【解题分析】

《火灾自动报警系统施工及验收规范》GB 50166—2007 第 4.7.1 条规定，对吸气式探测器进行检查测试应在采样管最末端（最不利处）采样孔加入试验烟，探测器或其控制装置应在 120s 内发出火灾报警信号，检查数量为全数检查。

《火灾自动报警系统施工及验收规范》GB 50166—2007 第 4.7.2 条规定，改变探测器的采样管路气流，使探测器处于故障状态，探测器或其控制装置应在 100s 内发出故障信号。

因此，(1) 随机选择一个采样孔进行测试不符合要求，应对采样管最末端（最不利处）的采样孔进行逐一测试；(2) 125s 后探测器报警不符合要求，应在 120s 内发出信号；(3) 封堵末端采样孔后探测器 120s 报警不符合要求，应在 100s 内发出信号。

【题 4】指出自动喷水系统的喷淋泵启动控制是否符合规范要求并说明理由。
【参考答案】
(1) 喷淋泵一直未启动，"联锁启动"不合规范要求。
理由：开启末端试水装置，湿式报警阀、压力开关随之动作，压力开关应可以直接联锁启动喷淋泵，而与火灾报警控制器的联动启泵功能状态为"自动"或"手动"无关。

(2) 联动启泵不符合规范要求。
理由：联动启泵需要 2 路信号，这里只有一个压力开关的反馈信号，并没有提到火灾报警器或手报的信号。

【命题思路】
该题考查自动喷水灭火系统的联动控制方式。湿式系统有三种远程启泵方式：压力开关直接联锁启泵、消防联动控制器联动控制启泵、手动控制盘直接启泵。考生需要掌握这些控制方式。

【解题分析】
《火灾自动报警系统施工及验收规范》GB 50166—2007 第 4.2.1 条，湿式系统的联动控制方式，应由湿式报警阀压力控制开关的动作信号作为触发信号，直接控制启动消防喷淋消防泵，联动控制不应受消防联动控制器处于自动或手动状态影响。

开启末端试水装置，压力开关随动作后，开关的动作信号应该可以直接控制启动消防喷淋消防泵，这种启动方式称之为"联锁启泵"，与消防联动控制器处于"自动"或"手动"无关。

另一种"联动控制启泵"的方式，需要压力开关的反馈信号与火灾自动报警系统的报警信号，联动触发消防泵。该题中火灾报警控制器的联动启泵功能设置为自动，但题干并未提到火灾报警器或手报的信号，因此不满足"与"逻辑，消防泵不应该启动。

【题 5】指出配电室气体灭火控制功能不符合规范之处，并说明理由。
【参考答案】
(1) 两路信号后，配电室内声光报警器随之启动不合理，应该在一路信号后，配电室内声光报警器就可以启动。

(2) 两类不同探测器发出火灾报警信号后，气体灭火控制器一直没有输出灭火启动及联动控制信号，不符合规范要求。气体灭火控制器应可以输出灭火启动及联动控制信号。

(3) 按下气体灭火控制器上的启动按钮，气体灭火控制器仍然一直没有输出灭火启动及联动控制信号不合理。系统应该可以进行手动控制。

2017年一级注册消防工程师《消防安全案例分析》真题及答案

【命题思路】

该题主要考查气体灭火系统联动控制功能的工作原理。

【解题分析】

《火灾自动报警系统设计规范》GB50116—2013第4.4.3条规定联动触发信号、联动控制：气体灭火控制器应由同一防护区域内两只独立的火灾探测器的报警信号、一只火灾探测器与一只手动火灾报警按钮的报警信号或防护区外的紧急启动信号，作为系统的联动触发信号。气体灭火控制器在接收到满足联动逻辑关系的首个联动触发信号后，应启动设置在该防护区内的火灾声光警报器，且联动触发信号应为任一防护区域内设置的感烟火灾探测器、其他类型火灾探测器或手动火灾报警按钮的首次报警信号；在接收到第二个联动触发信号后，应发出联动控制信号，且联动触发信号应为同一防护区域内与首次报警的火灾探测器或手动火灾报警按钮相邻的感温火灾探测器、火焰探测器或手动火灾报警按钮的报警信号。

第4.4.5条规定手动控制方式：气体灭火控制器上应设置对应于不同防护区的手动启动和停止按钮，手动启动按钮按下时，气体灭火控制器应执行符合本规范第4.4.2条第3款和第5款规定的联动操作；手动停止按钮按下时，气体灭火控制器、泡沫灭火控制器应停止正在执行的联动操作。

因此，(1)气体灭火控制器在收到首个信号后，应启动火灾声光警报器，而该题在两路信号后才启动火灾声光警报器，不符合规范；(2)在接收到两类信号后，按规范要求应发出灭火启动及联动控制信号，而该题在气体灭火控制器一直没有输出灭火启动及联动控制信号，不符合规范；(3)手动启动按钮按下后，气体灭火控制器应发出灭火启动及联动控制信号，而该题一直没有输出灭火启动及联动控制信号，不符合规范。

【题6】气体灭火控制器没有输出灭火启动及联动控制信号的原因主要有哪些？

【参考答案】

气体灭火控制器没有输出灭火启动及联动控制信号的原因如下：

(1) 气体灭火控制器输入输出控制模块损坏。

(2) 气体灭火控制器显示装置损坏，无法显示。

(3) 气体灭火控制器通信控制单元损坏。

【命题思路】

该题主要考查气体灭火控制器可能存在的故障。

【解题分析】

从题干的描述来看，该气体灭火控制器在自动及手动状态下均不能输出灭火启动及联动控制信号，而且排除了线路和接线原因，说明气体灭火控制器本身被损坏，可能存在的原因包括：输入输出模块损坏、控制单元损坏、显示装置损坏等。

第六题

某框架结构仓库，地上6层，地下1层，层高3.8m，占地面积6000m^2，地上每层建筑面积均为5600m^2。仓库各建筑构件均为不燃性构件，其耐火极限见下表。

构件名称	防火墙	承重墙、柱	楼梯间、电梯井的墙	梁	疏散走道两侧的隔墙、楼板、上人屋面板、屋顶承重构件、疏散楼梯	非承重外墙
耐火极限(h)	4.00	2.50	2.00	1.50	1.00	0.25

仓库1层储存桶装润滑油；2层储存水泥刨花板；3～6层储存皮毛制品；地下室储存玻璃制品，每件玻璃制品重100kg，其木质包装重20kg。该仓库地下室建筑面积为1000m²。一层内靠西侧外墙设置建筑面积为300m²的办公室、休息室和员工宿舍，这些房间与库房之间设置一条走道，且直通室外。走道与仓库之间采用防火隔墙和楼板分隔，其耐火极限分别为2.50h和1.00h。走道通向仓库的门采用双向弹簧门。仓库内的每个防火分区分别设置两个安全出口，两个安全出口之间距离12m，疏散楼梯采用封闭楼梯间，通向疏散走道或楼梯间的门采用能阻挡烟气侵入的双向弹簧门。该建筑的消防设施和其他事项符合国家消防标准要求。

根据以上材料，回答下列问题（共20分）。

1. 判断该仓库耐火等级。
2. 确定该仓库及其各层的火灾危险性分类。
3. 指出该仓库在层数、面积和平面布置存在的不符合国家标准的问题，并提出解决方法。
4. 该仓库各层至少应划分几个防火分区？
5. 指出该建筑在安全疏散方面存在的问题，并提出整改措施。
6. 拟在地下室东侧设置一个25m²的甲醇桶装仓库，甲醇仓库与其他部位之间采用耐火极限不低于4.00h的防爆墙分隔，防爆墙上设置防爆门，并设置一部直通室外的疏散楼梯。这种做法是否可行？此时，该地下室的火灾危险性应该分为哪一类？

【题1】判断该仓库耐火等级。
【参考答案】
该仓库耐火等级为二级。
【命题思路】
该题主要考查建筑构件的耐火极限与建筑耐火等级的关系，需要重点掌握二级耐火等级建筑主要构件的耐火极限，并通过给出的各构件的耐火极限判断该建筑的耐火等级。
【解题分析】
根据《建筑设计防火规范》GB 50016—2014表3.2.1给出的仓库耐火等级与构件耐火极限的规定，该建筑的耐火等级应该为二级。

不同耐火等级厂房和仓库建筑构件的燃烧性能和耐火极限（h）　　表3.2.1

构件名称		耐火等级			
		一级	二级	三级	四级
墙	防火墙	不燃性 3.00	不燃性 3.00	不燃性 3.00	不燃性 3.00
	承重墙	不燃性 3.00	不燃性 2.50	不燃性 2.00	难燃性 0.50

续表

构件名称		耐火等级			
		一级	二级	三级	四级
墙	楼梯间和前室的墙 电梯井的墙	不燃性 2.00	不燃性 2.00	不燃性 1.50	难燃性 0.50
	疏散走道两侧的隔墙	不燃性 1.00	不燃性 1.00	不燃性 0.50	难燃性 0.25
	非承重外墙 房间隔墙	不燃性 0.75	不燃性 0.50	难燃性 0.50	难燃性 0.25
柱		不燃性 3.00	不燃性 2.50	不燃性 2.00	难燃性 0.50
梁		不燃性 2.00	不燃性 1.50	不燃性 1.00	难燃性 0.50
楼板		不燃性 1.50	不燃性 1.00	不燃性 0.75	难燃性 0.50
屋顶承重构件		不燃性 1.50	不燃性 1.00	难燃性 0.50	可燃性
疏散楼梯		不燃性 1.50	不燃性 1.00	难燃性 0.75	可燃性
吊顶(包括吊顶搁栅)		不燃性 0.25	难燃性 0.25	难燃性 0.15	可燃性

【题2】确定该仓库及其各层的火灾危险性分类。

【参考答案】

1层：桶装润滑油火灾危险性为丙类1项，故1层火灾危险性为丙类1项；

2层：水泥刨花板火灾危险性为丁类，故2层火灾危险性为丁类；

3~6层：皮毛制品火灾危险性为丙类2项，故3~6层火灾危险性为两类场；

地下室：储存玻璃制品，每件玻璃制品重100kg，其木质包装重20kg，包装重量为物品重量的1/5，故火灾危险性仍按玻璃制品确定，为戊类。

仓库整体按火灾危险性较大的楼层确定，为丙类1项。

【命题思路】

该题主要考查储存物质的火灾危险性分类，需要对不同火灾危险类别的物质有基本了解并进行判定。

【解题分析】

《建筑设计防火规范》GB 50016—2014第3.1.3条的条文说明列举了不同物品的火灾危险性分类，见下表。

根据火灾危险性分类，润滑油的火灾危险性为丙类1项；水泥刨花板为丁类；皮毛制品的火灾危险性为丙类2项；玻璃制品的火灾危险性为戊类；木制品的火灾危险为丙类2项。

《建筑设计防火规范》GB 50016—2014 第 3.1.5 条规定，对于丁、戊类仓库的火灾危险性，当可燃包装重量大于物品本身重量的 1/4 或可燃包装体积大于物品本身体积的 1/2 时，应按丙类确定。该题中玻璃制品的木质包装占物品本身重量比例为 20/100＝1/5，小于 1/4。因此火灾危险性仍按玻璃制品确定，为戊类。

《建筑设计防火规范》GB 50016—2014 第 3.1.4 条规定，同一座仓库或仓库的任一防火分区内储存不同火灾危险性物品时，仓库或防火分区的火灾危险性应按火灾危险性最大的物品确定。因此，该仓库整体的火灾危险性按较大楼层进行确定，为丙类 1 项。

储存物品的火灾危险性分类举例

火灾危险性类别	举 例
甲类	1. 己烷,戊烷,环戊烷,石脑油,二硫化碳,苯,甲苯,甲醇,乙醇,乙醚,蚁酸甲酯、醋酸甲酯,硝酸乙酯,汽油,丙酮,丙烯,酒精度为 38 度及以上的白酒; 2. 乙炔,氢,甲烷,环氧乙烷,水煤气,液化石油气,乙烯、丙烯、丁二烯,硫化氢,氯乙烯,电石,碳化铝; 3. 硝化棉,硝化纤维胶片,喷漆棉,火胶棉,赛璐珞棉,黄磷; 4. 金属钾、钠、锂、钙、锶,氢化锂,氢化钠,四氢化锂铝; 5. 氯酸钾、氯酸钠,过氧化钾,过氧化钠,硝酸铵; 6. 赤磷,五硫化二磷,三硫化二磷
乙类	1. 煤油,松节油,丁烯醇、异戊醇,丁醚,醋酸丁酯,硝酸戊酯,乙酰丙酮,环己胺,溶剂油,冰醋酸,樟脑油,蚁酸; 2. 氯气、一氧化碳; 3. 硝酸铜,铬酸,亚硝酸钾,重铬酸钠,铬酸钾,硝酸,硝酸汞、硝酸钴,发烟硫酸,漂白粉; 4. 硫黄,镁粉,铝粉,赛璐珞板(片),樟脑,萘,生松香,硝化纤维漆布,硝化纤维色片; 5. 氧气,氟气,液氯; 6. 漆布及其制品,油布及其制品,油纸及其制品,油绸及其制品
丙类	1. 动物油、植物油,沥青,蜡,润滑油、机油、重油,闪点大于等于 60℃ 的柴油,糖醛,白兰地成品库; 2. 化学、人造纤维及其织物,纸张,棉、毛、丝、麻及其织物,谷物,面粉,粒径大于等于 2mm 的工业成型硫黄,天然橡胶及其制品,竹、木及其制品,中药材,电视机、收录机等电子产品,计算机房已录数据的磁盘储存间,冷库中的鱼、肉间
丁类	自熄性塑料及其制品,酚醛泡沫塑料及其制品,水泥刨花板
戊类	钢材、铝材、玻璃及其制品、搪瓷制品、陶瓷制品,不燃气体,玻璃棉、岩棉、陶瓷棉、硅酸铝纤维、矿棉,石膏及其无纸制品,水泥、石、膨胀珍珠岩

【题 3】指出该仓库在层数、面积和平面布置存在的不符合国家标准的问题，并提出解决方法。

【参考答案】

(1) 层数方面：该仓库地上共 6 层，不合理。该建筑火灾危险性为丙类 1 项，耐火等级为二级，丙类 1 项最多允许层数为 5 层，丙类 2 项最多允许层数不限。

解决方法：调整建筑高度为 5 层；或者去除桶装润滑油，降低储存物品的火灾危险性。

(2) 面积方面：该仓库的占地面积 6000m²，不合理。二级耐火等级的丙类 1 项物品仓库，最大占地面积不应超过2800m²，设自动喷水灭火系统时，不应大于5600m²，故该仓库占地面积6000m²，不合理。

解决方法：调整该仓库的占地面积，使其不超过5600m²；或者去除桶装润滑油，降低储存物品的火灾危险性。

(3) 平面布置方面：仓库内设置员工宿舍，不合理。

解决方法：仓库内不设置员工宿舍。

【命题思路】

该题主要考查不同火灾危险类别和耐火等级情况下，仓库层数及占地面积等内容，同时考查员工宿舍严禁设置在仓库内这一知识点。考生需要掌握《建筑设计防火规范》GB 50016—2014 中表 3.3.2 的相关数据，否则很难正确回答该题。

【解题分析】

(1) 和 (2) 层数、面积方面：

《建筑设计防火规范》GB 50016—2014 表 3.3.2 规定了仓库的最大允许层数和最大允许占地面积。

仓库的层数和面积　　　　　　　　表3.3.2

储存物品的火灾危险性类别		仓库的耐火等级	最多允许层数	每座仓库的最大允许占地面积和每个防火分区的最大允许建筑面积(m²)					
				单层仓库		多层仓库		高层仓库	地下或半地下仓库(包括地下或半地下室)
				每座仓库	防火分区	每座仓库	防火分区	每座仓库	防火分区	防火分区
甲	3,4项	一级	1	180	60	—	—	—	—	—
	1,2,5,6项	一、二级	1	750	250	—	—	—	—	—
乙	1,3,4项	一、二级	3	2000	500	900	300	—	—	—
		三级	1	500	250	—	—	—	—	—
	2,5,6项	一、二级	5	2800	700	1500	500	—	—	—
		三级	1	900	300	—	—	—	—	—
丙	1项	一、二级	5	4000	1000	2800	700	—	—	150
		三级	1	1200	400	—	—	—	—	—
	2项	一、二级	不限	6000	1500	4800	1200	4000	1000	300
		三级	3	2100	700	1200	400	—	—	—
丁		一、二级	不限	不限	3000	不限	1500	4800	1200	500
		三级	3	3000	1000	1500	500	—	—	—
		四级	1	2100	700	—	—	—	—	—
戊		一、二级	不限	不限	不限	不限	2000	6000	1500	1000
		三级	3	3000	1000	2100	700	—	—	—
		四级	1	2100	700	—	—	—	—	—

根据表3.3.2，对于火灾危险性为丙类1项、耐火等级为二级的多层仓库，最多允许层数为5层，每座仓库的最大允许占地面积为2800m²。根据第3.3.3条，仓库内设置自动灭火系统时，除冷库的防火分区外，每座仓库的最大允许占地面积和每个防火分区的最大允许建筑面积可按本规范第3.3.2条的规定增加1.0倍。因此，仓库的最大允许占地面积不应大于5600m²。

可见，该仓库层数及占地面积均不符合国家标准。

（3）平面布置方面：

《建筑设计防火规范》GB 50016—2014第3.3.9条规定：**员工宿舍严禁设置在仓库内**。

【题4】该仓库各层至少应划分几个防火分区？

【参考答案】

该仓库应设自喷，仓库整体按危险性最大的物品确定，即按丙类1项确定。

丙类1项多层仓库每个防火分区最大允许建筑面积为$700×2=1400m^2$，地上每层建筑面积均为5600m²，故至少应划分为4个建筑面积不大于1400m²的防火分区。

丙类1项地下仓库每个防火分区最大允许建筑面积为$150×2=300m^2$，建筑面积为1000m²。至少应划分为4个建筑面积不大于300m²的防火分区。

【命题思路】

该题主要考查不同火灾危险类别和耐火等级情况下，仓库内每个防火分区的最大允许建筑面积的知识点。考生需要掌握《建筑设计防火规范》GB 50016—2014中表3.3.2的相关数据，否则很难正确回答该题。

【解题分析】

根据《建筑设计防火规范》GB 50016—2014表3.3.2，对于丙类1项、耐火等级为二级的多层仓库，防火分区的最大允许建筑面积为700m²，地下仓库的防火分区最大允许建筑面积为150m²，设置自动灭火系统时，以上防火分区建筑面积可以增加1.0倍。

因此，当该建筑的占地面积调整为5600m²的情况下，地上每层应划分为4个建筑面积不大于1400m²的防火分区；地下应至少划分为4个建筑面积不大于300m²的防火分区。

【题5】指出该建筑在安全疏散方面存在的问题，并提出整改措施。

【参考答案】

（1）走道通向仓库的门为双向弹簧门，不合理。

整改措施：应为乙级防火门。

（2）办公室、休息室的房间通过与仓库之间的走道直通室外，不合理。

整改措施：办公室、休息室应设置独立的安全出口。

【命题思路】

该题主要考查在仓库内设置办公室、休息室时安全疏散的相关要求。

【解题分析】

《建筑设计防火规范》GB 50016—2014第3.3.9条规定：办公室、休息室设置在丙、丁类仓库内时，应采用耐火极限不低于2.50h的防火隔墙和1.00h的楼板与其他部位分隔，并应设置独立的安全出口。隔墙上需开设相互连通的门时，应采用乙级防火门。

因此，（1）走道通向仓库的门不能采用双向弹簧门，改为**乙级防火门**；（2）办公室、休息室应设置独立的安全出口。

【题6】 拟在地下室东侧设置一个 25m² 的甲醇桶装仓库，甲醇仓库与其他部位之间采用耐火极限不低于 4.00h 的防爆墙分隔，防爆墙上设置防爆门，并设置一部直通室外的疏散楼梯。这种做法是否可行？此时，该地下室的火灾危险性应该分为哪一类？

【参考答案】

此做法不可行。甲醇仓库火灾危险性为甲类，甲类仓库不应设置在地下、半地下。

地下室若设置甲醇仓库，火灾危险性为甲类。根据《建筑设计防火规范》GB 50016—2014 规定，仓库储存不同火灾危险性物品时，按火灾危险性较大的物品确定。

【命题思路】

该题主要考查甲醇的火灾危险性及甲类仓库的布局等知识点。

【解题分析】

甲醇的火灾危险性为甲类，根据《建筑设计防火规范》GB 50016—2014 第 3.1.4 条的规定，同一座仓库或防火分区的火灾危险性应按火灾危险性最大的物品确定。因此，如果地下室存放甲醇，则地下室的火灾危险性按甲类确定。

根据表 3.3.2，火灾危险性为甲类的物品不能存放在地下或半地下仓库，因此该做法不可行。

2016 年
一级注册消防工程师《消防安全案例分析》真题及答案

第一题

某寒冷地区公共建筑，地下 3 层，地上 37 层，建筑高度 169m，总建筑面积 121000m²，按照国家标准设置相应的消防设施。该建筑室内消火栓系统采用消防水泵串联分区供水形式，分高、低区两个分区。消防水泵房和消防水池位于地下 1 层，设置低区消火栓泵 2 台（1 用 1 备）和高区消火栓转输泵 2 台（1 用 1 备），中间消防水泵房和转输水箱位于地上 7 层，设置高区消火栓加压泵 2 台（1 用 1 备），高区消火栓加压泵控制柜与消防水泵布置在同一房间。房顶设置高位消防水箱和稳压泵等稳压装置。低区消火栓由中间转输水箱和低区消火栓泵供水，高区消火栓由屋顶消防水箱和高区消火栓转输泵，高区消火栓加压泵联锁启动供水。

室外消防用水由市政给水管网供水，室内消火栓和自动喷水灭火系统用水由消防水池保证，室内消火栓系统的设计流量为 40L/s，自动喷水灭火系统的设计流量为 40L/s。

维保单位对该建筑室内消火栓进行检查，情况如下：

（1）在地下消防水泵房对消防水池有效容积、水位、供水管等情况进行检查。

（2）在地下消防水泵房打开低区消火栓泵试验阀，低区消火栓泵没有启动。

（3）屋顶室内消火栓系统稳压装置气压水罐有效储水容积为 120L；无法直接识别稳压泵出水管阀门的开闭情况，深入细查发现阀门处于关闭状态，稳压泵控制柜电源未接通，当场排除故障。

（4）检查屋顶消防水箱，发现水箱内的表面有结冰；水箱进水管管径为 DN25，出水管管径为 DN75；询问消防控制室消防水箱水位情况，控制室值班人员回答无法查看。

（5）在屋顶打开试验消火栓，放水 3min 后测量栓口动压，测量值为 0.21MPa；消防水枪充实水柱测量值为 12m；询问消防控制室有关消防水泵和稳压泵的启动情况，控制室值班人员回答不清楚。

根据以上材料，回答下列问题（共 18 分，每题 2 分。每题的备选项中，有 2 个或 2 个以上符合题意，至少有一个错项。错选，本题不得分；少选，所选的每个选项得 0.5 分）

【题 1】关于该建筑消防水池，下列说法正确的有（　　）。

A. 不考虑补水时，消防水池的有效容积不应小于 432m²

B. 消防控制室应能显示消防水池的正常水位

C. 消防水池玻璃水位计两端的角阀应常开

D. 应设置就地水位显示装置

E. 消防控制室应能显示消防水池高水位、低水位报警信号

【参考答案】BDE

【命题思路】

本题主要考查消防控制室的控制显示功能、消防水池、水源维护管理等要求。

【解题分析】

无法根据题意得知该公共建筑的火灾延续时间，无法计算消防水池的有效容积，故选项 A 不选。

《消防给水及消火栓系统技术规范》GB 50974—2014 第 11.0.7 条第 3 款规定，消防控制柜或控制盘应能显示消防水池、高位消防水箱等水源的高水位、低水位报警信号，以及正常水位。

选项 B、E 正确。

第 14.0.3 第 4 款规定，消防水池（箱）玻璃水位计两端的角阀在不进行水位观察时应关闭。

选项 C 错误。

第 4.0.9 条第 3 款规定，消防水池应设置就地水位显示装置，并应在消防控制中心或值班室等地点设置显示消防水池水位的装置，同时应有最高和最低报警水位。

选项 D 正确。

【题 2】低区消火栓泵没有启动的原因主要有（　　）。
A. 消防水泵控制柜处于手动起泵状态
B. 消防联动控制器处于自动起泵状态
C. 消防联动控制器处于手动起泵状态
D. 消防水泵的控制线路故障
E. 消防水泵的电源处于关闭状态

【参考答案】ADE

【命题思路】

本题主要考查消防水泵联动控制的要求。

【解题分析】

《消防给水及消火栓系统技术规范》GB 50974—2014 第 11.0.4 条规定：

消防水泵应由消防水泵出水干管上设置的压力开关、高位消防水箱出水管上的流量开关，或报警阀压力开关等开关信号应能直接自动启动消防水泵。消防水泵房内的压力开关宜引入消防水泵控制柜内。

此类信号应能直接启动消防水泵，不受消防联动控制器自动或手动状态的影响，故选项 B、C 错误。

【题 3】关于该建筑屋顶消火栓稳压装置，下列说法正确的有（　　）。
A. 气压水罐有效储水容积符合规范要求
B. 出水管阀门应常开并锁定
C. 气压水罐有效储水容积不符合规范要求
D. 出水管应设置明杆闸阀
E. 稳压泵控制柜平时应处于停止启泵状态

【参考答案】BCD

【命题思路】

本题主要考查稳压泵的设计、消防水泵验收、阀门选择等方面的要求。

【解题分析】

《消防给水及消火栓系统技术规范》GB 50974—2014 第 5.3.4 条规定：设置稳压泵的临时高压消防给水系统应设置防止稳压泵频繁启停的技术措施，当采用气压水罐时，其调节容积应根据稳压泵启泵次数不大于 15 次/h 计算确定，但有效储水容积不宜小于 150L。

选项A错误，选项C正确。

第13.2.6条规定：消防水泵的吸水管、出水管上的控制阀应锁定在常开位置，并应有明显标记。

选项B正确。

第5.3.5条规定：稳压泵吸水管应设置明杆闸阀，稳压泵出水管应设置消声止回阀和明杆闸阀。

选项D正确。

稳压泵应由消防给水管网或气压水罐上设置的稳压泵自动启停泵压力开关或压力变送器控制，稳压泵平时应处于开启状态。

选项E错误。

【题4】关于该建筑屋顶消防水箱，下列说法正确的有（　　）。

A. 应采取防冻措施

B. 进水管管径符合规范要求

C. 出水管管径符合规范要求

D. 消防控制室应能显示消防水箱高水位、低水位报警信号

E. 消防控制室应能显示消防水箱正常水位

【参考答案】ADE

【命题思路】

本题主要考查高位消防水箱和消防控制室的相关要求。

【解题分析】

《消防给水及消火栓系统技术规范》GB 50974—2014

5.2.4　高位消防水箱的设置应符合下列规定：

2　严寒、寒冷等冬季冰冻地区的消防水箱应设置在消防水箱间内，其他地区宜设置在室内，当必须在屋顶露天设置时，应采取防冻隔热等安全措施。

选项A正确。

5.2.6　高位消防水箱应符合下列规定：

5　进水管的管径应满足消防水箱8h充满水的要求，但管径不应小于DN32，进水管宜设置液位阀或浮球阀；

9　高位消防水箱出水管管径应满足消防给水设计流量的出水要求，且不应小于DN100。

选项B、C错误。

与第1题相同，根据第11.0.7条可知选项D、E正确。

【题5】关于屋顶试验消火栓检测，下列说法正确的有（　　）。

A. 栓口动压符合规范要求

B. 消防控制室应能显示高区消火栓加压泵的运行状态

C. 检查人员应到中间消防水泵房确认高区消火栓加压泵的启动情况

D. 消防控制室应能显示屋顶消火栓稳压泵的运行状态

E. 消防水枪充实水柱符合规范要求

【参考答案】BCD

2016年一级注册消防工程师《消防安全案例分析》真题及答案

【命题思路】

本题主要考查消火栓动压、水柱和消防控制室显示的相关要求。

【解题分析】

《消防给水及消火栓系统技术规范》GB 50974—2014

7.4.12 室内消火栓栓口压力和消防水枪充实水柱，应符合下列规定：

1 消火栓栓口动压力不应大于0.50MPa，当大于0.70MPa时必须设置减压装置；

2 高层建筑、厂房、库房和室内净空高度超过8m的民用建筑等场所，消火栓栓口动压不应小于0.35MPa，且消防水枪充实水柱应按13m计算；其他场所，消火栓栓口动压不应小于0.25MPa，且消防水枪充实水柱应按10m计算。

该建筑测得的栓口动压为0.21MPa，小于0.35MPa，选项A错误。充实水柱测量值为12m，小于13m，选项E错误。

与第1题相同，根据第11.0.7条可知选项B、D正确。

易知选项C正确。

【题6】关于该建筑中间传输水箱及屋顶消防水箱的有效储水容积，下列说法正确的有（　　）。

A. 中间传输水箱有效储水容积不应小于36m³

B. 屋顶消防水箱有效储水容积不应小于50m³

C. 中间传输水箱有效储水容积不应小于60m³

D. 屋顶消防水箱有效储水容积不应小于36m³

E. 屋顶消防水箱有效储水容积不应小于100m³

【参考答案】CE

【命题思路】

本题主要考查各类水箱的有效储水容积要求。

【解题分析】

《消防给水及消火栓系统技术规范》GB 50974—2014

5.2.1 临时高压消防给水系统的高位消防水箱的有效容积应满足初期火灾消防用水量的要求，并应符合下列规定：

1 一类高层公共建筑，不应小于36m³，但当建筑高度大于100m时，不应小于50m³，当建筑高度大于150m时，不应小于100m³。

6.2.3 采用消防水泵串联分区供水时，宜采用消防水泵转输水箱串联供水方式，并应符合下列规定：

1 当采用消防水泵转输水箱串联时，转输水箱的有效储水容积不应小于60m³，转输水箱可作为高位消防水箱。

可知选项C、E正确，其他选项错误。

【题7】关于该建筑高区消火栓加压泵，下列说法正确的是（　　）。

A. 应有自动停泵的控制功能

B. 消防控制室应能手动远程启动该泵

C. 流量不应小于40L/s

D. 从接到起泵信号到水泵正常运转的自由启动时间不应大于5min

E. 应能机械应急启动

【参考答案】BCE
【命题思路】
本题主要考查消防水泵启停的技术要求。
【解题分析】
《消防给水及消火栓系统技术规范》GB 50974—2014

11.0.2 消防水泵不应设置自动停泵的控制功能，停泵应由具有管理权限的工作人员根据火灾扑救情况确定。

选项 A 错误。

11.0.3 消防水泵应确保从接到启泵信号到水泵正常运转的自动启动时间不应大于 2min。

选项 D 错误。

11.0.7 消防控制室或值班室，应具有下列控制和显示功能：
1 消防控制柜或控制盘应设置专用线路连接的手动直接启泵按钮。

选项 B 正确。

室内消火栓系统的设计流量为 40L/s，自动喷水灭火系统的设计流量为 40L/s，消火栓加压泵流量不应小于 40L/s，选项 C 正确。

11.0.12 消防水泵控制柜应设置机械应急启泵功能，并应保证在控制柜内的控制线路发生故障时由有管理权限的人员在紧急时启动消防水泵。机械应急启动时，应确保消防水泵在报警 5.0min 内正常工作。

选项 E 正确。

【题8】关于该建筑高区消火栓加压泵控制柜，下列说法错误的是（　　）。

A. 机械应急启动时，应确保消防水泵在报警后 5min 内正常工作
B. 应采取防止被水淹的措施
C. 防护等级不应低于 IP30
D. 应具有自动巡检可调、显示巡检状态和信号功能
E. 控制柜对话界面应有英汉双语语言

【参考答案】CE
【命题思路】
本题主要考查消火栓加压泵控制柜的技术要求。
【解题分析】
《消防给水及消火栓系统技术规范》GB 50974—2014
如【题7】解题分析的第 11.0.12 条，选项 A 正确。

11.0.10 消防水泵控制柜应采取防止被水淹没的措施。在高温潮湿环境下，消防水泵控制柜内应设置自动防潮除湿的装置。

选项 B 正确。

11.0.9 消防水泵控制柜设置在专用消防水泵控制室时，其防护等级不应低于 IP30；与消防水泵设置在同一空间时，其防护等级不应低于 IP55。

根据题意可知，二者在同一空间，选项 C 错误。

11.0.18 消防水泵控制柜应有显示消防水泵工作状态和故障状态的输出端子及远程控制消防水泵启动的输入端子。控制柜应具有自动巡检可调、显示巡检状态和信号等功能,且对话界面应有汉语语言,图标应便于识别和操作。

选项 D 正确,选项 E 错误。

【题9】关于该建筑室内消火栓系统维护管理,下列说法正确的有(   )。

A. 每季度应对消防水池、消防水箱的水位进行一次检查

B. 每月应手动启动消防水泵运转一次

C. 每月应模拟消防水泵自动控制的条件自动启动消防水泵运转一次

D. 每月应对控制阀门铅封、锁链进行一次检查

E. 每周应对稳压泵的停泵启泵压力和启泵次数等进行检查,并记录运行情况

【参考答案】BD

【命题思路】

本题主要考查消火栓系统维护管理工作检查项目的工作内容和周期。

【解题分析】

根据《消防给水及消火栓系统技术规范》GB 50974—2014 附录 G,可知应选 B、D。

消防给水及消火栓系统维护管理工作检查项目　　　　表 G

部位		工作内容	周期
水源	市政给水管网	压力和流量	每季
	河湖等地表水源	枯水位、洪水位、枯水位流量或蓄水量	每年
	水井	常水位、最低水位、出流量	每年
	消防水池(箱)、高位消防水箱	水位	每月
	室外消防水池等	温度	冬季每天
供水设施	电源	接通状态、电压	每日
	消防水泵	自动巡检记录	每周
		手动启动试运转	每月
		流量和压力	每季
	稳压泵	启停泵压力、启停次数	每日
	柴油机消防水泵	启动电池、储油量	每日
	气压水罐	检测气压、水位、有效容积	每月
	减压阀	放水	每月
		测试流量和压力	每年
阀门	雨淋阀的附属电磁阀	每月检查开启	
	电动阀或电磁阀	供电、启闭性能检测	每月
	系统所有控制阀门	检查铅封、锁链完好状况	每月
	室外阀门并中控制阀门	检查开启状况	每季
	水源控制阀、报警阀组	外观检查	每天
	末端试水阀、报警阀的试水阀	放水试验,启动性能	每季
	倒流防止器	压差检测	每月

续表

部位	工作内容	周期
喷头	检查完好状况、清除异物、备用量	每月
消火栓	外观和漏水检查	每季
水泵接合器	检查完好状况	每月
水泵接合器	通水试验	每年
过滤器	排渣、完好状态	每年
储水设备	检查结构材料	每年
系统联锁试验	消火栓和其他水灭火系统等运行功能	每年
消防泵水房、水箱间、报警阀间、减法阀间等供水设备间	检查室温	（冬季）每天

第二题

某食品有限公司发生重大火灾事故，造成18人死亡，13人受伤，过火面积约 $4000m^2$，直接经济损失4000万余元。

经调查，认定该起事故的原因为：保鲜恒温库内的冷风机供电线路接头处过热短路，引燃墙面聚氨酯泡沫保温材料所致。起火的保鲜恒温库为单层砖混结构，吊顶和墙面均采用聚丙乙烯板，在聚苯乙烯板外表面直接喷涂聚氨酯泡沫。毗邻保鲜恒温库搭建的简易生产车间采用单层钢屋架结构，外围护采用聚丙乙烯夹心彩钢板，吊顶为木龙骨和PVC板。车间按照国家标准配置了灭火器材，无应急照明和疏散标志，部分疏散门采用卷帘门。起火时，南侧的安全出口被封锁。着火当日，车间流水线南北两侧共有122人在进行装箱作业。保鲜恒温库起火后，火势及有毒烟气迅速蔓延至整个车间。由于无人组织灭火和扑救，有12名员工在走道尽头的冰池处遇难。逃出车间的员工向领导报告了火情，10min后领导才拨打了"119"报火警，有8名受伤员工在冰池处被救出。

经查，该企业消防安全管理制度不健全，单位消防安全管理人员曾接受过消防安全专门培训，但由于单位生产季节性强，员工流动性大，未组织员工进行消防安全培训和疏散演练。当日值班人员对用火、用电和消防设施、器材情况进行了一次巡查后离开了车间。

根据以上材料，回答下列问题（共18分，每题2分。每题的备选项中，有2个或者2个以上符合题意，至少有一个错项。错选，本题不得分；少选，所选的每个选项得0.5分）

【题1】该单位保鲜恒温库及简易生产车间在（　　）方面存在火灾隐患。

A. 电气线路　　　　　　B. 防火分隔
C. 耐火等级　　　　　　D. 安全疏散
E. 灭火器材

【参考答案】ABCD
【命题思路】
本题主要考查该建筑的建筑防火设计和消防设施是否符合相关规范的要求。

2016年一级注册消防工程师《消防安全案例分析》真题及答案

【解题分析】

保鲜恒温库内的冷风机供电线路接头处过热短路，引燃墙面聚氨酯泡沫保温材料，说明存在电气线路火灾隐患，选项A正确。

《建筑设计防火规范》GB 50016—2014：

3.2.17 建筑中的非承重外墙、房间隔墙和屋面板，当确需采用金属夹芯板材时，其芯材应为不燃材料，且耐火极限应符合本规范有关规定。

本题中，外围护采用聚丙乙烯夹心彩钢板，不符合规范要求，选项B正确。

3.2.3 单、多层丙类厂房和多层丁、戊类厂房的耐火等级不应低于三级。

本题中，建筑耐火等级为四级，不符合规范要求，选项C正确。

车间按照国家标准配置了灭火器材，无应急照明和疏散标志，选项D不符合规范要求，正确，E错误（即灭火器材方面不存在火灾隐患）。

【题2】保鲜恒温库及简易车间属于消防安全重点部位。根据消防安全重点部位管理的有关规定，应该采取的必备措施有（　　）。

　　A. 设置自动灭火设施　　　　　　B. 设置明显的防火标志
　　C. 严格管理，定期重点巡查　　　D. 制定和完善事故应急处置预案
　　E. 采用电气防爆措施

【参考答案】BCD

【命题思路】

本题主要考查消防安全重点部位管理的范畴。

【解题分析】

消防安全重点部位的管理包括制度管理、立牌管理、教育管理、档案管理、日常管理和应急备战管理。选项A不属于管理内容，属于消防设施的设计内容。

【题3】这次事故中，造成人员伤亡的主要因素是（　　）。

　　A. 当日值班人员事发时未在岗
　　B. 建筑构件及墙体内保温采用了易燃有毒材料
　　C. 消防安全重点部位不明确
　　D. 部分安全出口被锁闭，疏散通道不畅通
　　E. 员工未经过消防安全培训和疏散逃生演练

【参考答案】BDE

【命题思路】

本题主要考查该起火灾导致人员伤亡的原因。

【解题分析】

此题根据选项逐条在文中对应寻找、分析即可。

【题4】关于单位员工消防安全培训，依据有关规定必须培训的内容有（　　）。

　　A. 消防技术规范
　　B. 本单位、本岗位的火灾危险性和防火措施
　　C. 报火警、扑救初起火灾的知识和技能
　　D. 组织疏散逃生知识和技能
　　E. 有关消防设施的性能，灭火器材的使用方法

【参考答案】BCE
【命题思路】
本题主要考查《机关、团体、企业、事业单位消防安全管理规定》(公安部第61号令)对消防安全培训的规定。
【解题分析】
《机关、团体、企业、事业单位消防安全管理规定》(公安部第61号令)
第三十六条　单位应当通过多种形式开展经常性的消防安全宣传教育。消防安全重点单位对每名员工应当至少每年进行一次消防安全培训。宣传教育和培训内容应当包括：
（一）有关消防法规、消防安全制度和保障消防安全的操作规程；
（二）本单位、本岗位的火灾危险性和防火措施；
（三）有关消防设施的性能、灭火器材的使用方法；
（四）报火警、扑救初起火灾以及自救逃生的知识和技能。
公众聚集场所对员工的消防安全培训应当至少每半年进行一次，培训的内容还应当包括组织、引导在场群众疏散的知识和技能。
单位应当组织新上岗和进入新岗位的员工进行上岗前的消防安全培训。
根据此条规定，选B、C、E。

【题5】依据有关规定，下列应该接受消防安全专门培训的人员有（　　）。
　　A.单位的消防安全负责人　　　B.装卸人员
　　C.专、兼职消防管理人员　　　D.电工
　　E.消防控制室值班、操作人员
【参考答案】ACE
【命题思路】
本题主要考查《机关、团体、企业、事业单位消防安全管理规定》(公安部第61号令)对消防安全培训的规定。
【解题分析】
《机关、团体、企业、事业单位消防安全管理规定》(公安部第61号令)
第三十八条　下列人员应当接受消防安全专门培训：
（一）单位的消防安全责任人、消防安全管理人；
（二）专、兼职消防管理人员；
（三）消防控制室的值班、操作人员；
（四）其他依照规定应当接受消防安全专门培训的人员。
前款规定中的第（三）项人员应当持证上岗。
根据此条规定，选A、C、E。

【题6】根据《机关、团体、企业、事业单位消防安全管理规定》(公安部第61号令)，消防安全制度应包括的主要内容有（　　）。
　　A.消防安全责任制　　　　　　B.消防设施、器材维护管理
　　C.用火、用电安全管理　　　　D.仓库收发管理
　　E.防火巡查、检查
【参考答案】BCE

2016年一级注册消防工程师《消防安全案例分析》真题及答案

【命题思路】

本题主要考查《机关、团体、企业、事业单位消防安全管理规定》（公安部第61号令）对消防安全制度的规定。

【解题分析】

《机关、团体、企业、事业单位消防安全管理规定》（公安部第61号令）

第十八条 单位应当按照国家有关规定，结合本单位的特点，建立健全各项消防安全制度和保障消防安全的操作规程，并公布执行。

单位消防安全制度主要包括以下内容：消防安全教育、培训；防火巡查、检查；安全疏散设施管理；消防（控制室）值班；消防设施、器材维护管理；火灾隐患整改；用火、用电安全管理；易燃易爆危险物品和场所防火防爆；专职和义务消防队的组织管理；灭火和应急疏散预案演练；燃气和电气设备的检查和管理（包括防雷、防静电）；消防安全工作考评和奖惩；其他必要的消防安全内容。

根据此条规定，选B、C、E。

【题7】根据本案例描述，该单位存在的下列违反消防安全规定的情况，应依据《机关、团体、企业、事业单位消防安全管理规定》责令当场改正的有（　　）。

A. 违章使用明火作业或者在具有火灾、爆炸危险的场所吸烟、使用明火

B. 消防设施管理、值班人员和防火巡查人员脱岗

C. 常闭式防火门处于开启状态，防火卷帘下堆放物品影响使用

D. 消防控制室值班人员未持证上岗

E. 将安全出口上锁、遮挡，或者占用、堆放物品影响疏散通道畅通

【参考答案】ABCE

【命题思路】

本题主要考查《机关、团体、企业、事业单位消防安全管理规定》（公安部第61号令）对火灾隐患整改的规定。

【解题分析】

《机关、团体、企业、事业单位消防安全管理规定》（公安部第61号令）

第三十一条 对下列违反消防安全规定的行为，单位应当责成有关人员当场改正并督促落实：

（一）违章进入生产、储存易燃易爆危险物品场所的；

（二）违章使用明火作业或者在具有火灾、爆炸危险的场所吸烟、使用明火等违反禁令的；

（三）将安全出口上锁、遮挡，或者占用、堆放物品影响疏散通道畅通的；

（四）消火栓、灭火器材被遮挡影响使用或者被挪作他用的；

（五）常闭式防火门处于开启状态，防火卷帘下堆放物品影响使用的；

（六）消防设施管理、值班人员和防火巡查人员脱岗的；

（七）违章关闭消防设施、切断消防电源的；

（八）其他可以当场改正的行为。

违反前款规定的情况以及改正情况应当有记录并存档备查。

根据此条规定，选A、B、C、E。

【题8】按照有关规定,消防安全重点单位制定的灭火和应急疏散预案应当包括（   ）。

A. 领导机构及其职责　　　　　　B. 报警和接警处置程序

C. 自动消防设施保养程序　　　　D. 应急疏散的组织程序和措施

E. 扑救初期火灾的程序和措施

【参考答案】BDE

【命题思路】

本题主要考查《机关、团体、企业、事业单位消防安全管理规定》（公安部第61号令）对灭火和应急疏散预案的规定。

【解题分析】

《机关、团体、企业、事业单位消防安全管理规定》（公安部第61号令）

第三十九条　消防安全重点单位制定的灭火和应急疏散预案应当包括下列内容：

（一）组织机构，包括：灭火行动组、通信联络组、疏散引导组、安全防护救护组；

（二）报警和接警处置程序；

（三）应急疏散的组织程序和措施；

（四）扑救初起火灾的程序和措施；

（五）通信联络、安全防护救护的程序和措施。

根据此条规定，选B、D、E。

【题9】依据本案例描述和消防安全管理的相关规定，单位发生火灾时，应当立即实施灭火和应急疏散预案。在这次火灾事故中，该单位未能做到（   ）。

A. 及时报警　　　　　　　　　　B. 启动消防灭火系统

C. 组织扑救火灾　　　　　　　　D. 启动防排烟系统

E. 及时疏散人员

【参考答案】ACE

【命题思路】

本题主要考查该单位实施灭火和应急疏散预案不到位的情况。

【解题分析】

选项A、C、E，该单位均未做到；选项B、D，题中未提及相关内容，不选。

第三题

消防技术服务机构受东北某造纸企业委托，对其成品仓库设置的干式自动喷水灭火系统进行检测。该仓库地上2层，耐火等级为二级，建筑高度15.8m，建筑面积7800m^2，还设置了室内消火栓系统、火灾自动报警系统等消防设施，厂区内环状消防供水管网（管径DN250mm）保证室内外消防用水，消防水泵设计扬程为1.0MPa。屋顶消防水箱最低有效水位至仓库地面的高差为20m，水箱的有效水位高度为3m。厂区共有2个相互连通的地下消防水池，总容积为1120m^3。干式自动喷水灭火系统设有一台干式报警阀，放置在距离仓库约980m的值班室内（有采暖），喷头型号ZSTX-68（℃）。

检测人员核查相关系统试压及调试记录后，有如下发现：

（1）干式自动喷水灭火系统管网水压强度及严密性试验均采用气压试验替代，且未对管进行冲洗。

(2) 干式报警阀调试记录中，没有发现开启系统试验报警阀启动时间及水流到试验装置出口所需时间的记录值。

随后进行现场测试，情况为：在干式自动喷水灭火系统最不利点处开启末端试水装置，干式报警阀加速排气阀随之开启，6.5min后干式报警阀水力警铃开始报警，后又停止（警铃及配件质量、连接管路均正常），末端试水装置出水量不足。人工启动消防泵加压，首层的水流指示器动作后始终不复位。查阅水流指示器产品进场验收记录、系统竣工验收试验记录等，均未发现问题。

根据以上材料，回答下列问题（共21分）。

【题1】指出干式自动喷水灭火系统有关组件选型、配置存在的问题，并说明如何改正。
【参考答案】

问题（1）：仅设一台干式报警阀，数量不足。应至少设置两台。

理由：该建筑为仓库危险级Ⅱ级，喷水强度大于12L/(min·m²)，一只喷头的最大保护面积为9m²，该仓库建筑面积7800m²，则需喷头数量为867只；干式自动喷水灭火系统，一个报警阀组控制的喷头数不宜超过500只，故应至少设置两台报警阀。

问题（2）：报警阀放置在距离仓库约980m的值班室内，距离太远。

理由：报警阀距离仓库太远，发生火灾时管网内排气充水时间长，容易导致报警延迟。

问题（3）：喷头型号为ZSTXl5-68（℃），喷头型号不对。

理由：该型号喷头为下垂型喷头，干式自动喷水灭火系统应采用直立型喷头或干式下垂型喷头。

【命题思路】

本题主要考查仓库的火灾危险等级、仓库自动喷水灭火系统设计和选型等内容。

【解题分析】

《自动喷水灭火系统设计规范》GB 50084—2017附录A给出了各类场所的火灾危险等级，造纸的成品仓库属于仓库危险级Ⅱ级；该规范第5.0.5条和第7.1.2条给出了仓库危险级Ⅱ级的系统设计参数，可知该仓库一只喷头的最大保护面积为9m²，结合建筑面积可知所需喷头数量；第6.2.3条规定干式系统的一个报警阀组控制的喷头数不宜超过500只，故应至少设两个报警阀；第6.1.4条规定干式自动喷水灭火系统应采用直立型喷头或干式下垂型喷头。

【题2】分析该仓库消防给水设施存在的主要问题。
【参考答案】

屋顶消防水箱为最不利点供水的静压不满足要求，应增设增压稳压设施或提高屋顶消防水箱至适当高度。

【命题思路】

本题主要考查自动喷水灭火系统的最不利点处的静水压力要求。

【解题分析】

《消防给水及消火栓系统技术规范》GB 50974—2014第5.2.2条规定，工业建筑高位消防水箱的最低有效水位应满足最不利点处静水压力不低于 0.1MPa。该建筑高 15.8m，屋顶消防水箱最低有效水位至仓库地面的高差为 20m，水箱的有效水位高度为 3m，则高差为 20－15.8＝4.2m，约 0.04MPa，不满足要求。

【题3】检测该仓库内消火栓系统是否符合设计要求时，应出几支水枪？按照国家标准有关自动喷水灭火系统设置场所火灾危险等级的划分规定，该仓库属于什么级别？自动喷水灭火系统的设计喷水持续时间为多少？

【参考答案】

(1) 应出 5 支水枪。

(2) 该仓库属于仓库危险级Ⅱ级。

(3) 自动喷水灭火系统的设计喷水持续时间为 2.0h。

【命题思路】

本题主要考查工厂自动喷水灭火系统的最不利点处的静水压力要求，以及水压的计算方法。

【解题分析】

《消防给水及消火栓系统技术规范》GB 50974—2014 第 7.4.6 条规定了各类厂房、仓库的消火栓设计流量和同时使用的水枪数。该仓库为丙类厂房，建筑体积大于 5000m³，高度小于 24m，可知使用水枪数为 5 支；根据附录 A 可知造纸的成品仓库属于仓库危险级Ⅱ级；根据第 5.0.5 条可知仓库危险级Ⅱ级场所的自动喷水灭火系统持续喷水时间不应低于 2.0h。

【题4】干式自动喷水灭火系统试压及调试记录中存在的主要问题是什么？

【参考答案】

(1) 干式自动喷水灭火系统管网水压强度及严密性试验均采用气压试验替代，操作错误；水压强度试验应用水进行。

(2) 未对管进行冲洗，操作错误；应进行冲洗。

(3) 干式报警阀调试记录中，没有发现开启系统试验报警阀启动时间及水流到试验装置出口所需时间的记录值，记录不完全；调试记录应包括报警阀的启动时间、启动点压力、水流到试验装置出口所需时间等内容。

【命题思路】

本题主要考查自动喷水灭火系统验收、调试、功能性监测等内容。

【解题分析】

《自动喷水灭火系统施工及验收规范》GB 50261—2017 第 6.1.1 条规定，管网安装完毕后，应进行强度试验、严密性试验和冲洗，第 6.1.2 条规定了干式喷水灭火系统宜用水进行强度和严密性试验，附录 C.0.4 规定了联动试验记录内容。

【题5】开启末端试水装置测试出了哪些问题？原因是什么？

【参考答案】

开启末端试水装置，干式报警阀加速排气阀随之开启，6.5min 后干式报警阀水力警铃开始报警，后又停止（警铃及配件质量、连接管路均正常），末端试水装置出水量不足。

问题（1）：开启末端试水装置 6.5min 后干式报警阀水力警铃开始报警，报警延迟时间太长。

原因：干式报警阀放置在距离仓库约980m的值班室内，报警阀组与末端试水装置距离太远。

问题（2）：干式报警阀水力警铃报警后又停止，末端试水装置出水量不足。

原因：①阀组堵塞；②高位消防水箱水量不足；③消防水泵未联锁启动；④消防水泵出水管控制阀关闭。

问题（3）：压力开关未联锁启动消防水泵。

原因：①压力开关至消防水泵的信号线路故障；②压力开关设定值不正确。

【命题思路】

本题主要考查自动喷水灭火系统报警阀组的工作要求和联锁启泵等内容。

【解题分析】

《自动喷水灭火系统设计规范》GB 50084—2017 第 8.0.11 条规定：干式系统、由火灾自动报警系统和充气管道上设置的压力开关开启预作用装置的预作用系统，其配水管道充水时间不宜大于1min。

末端试水装置出水量不足，可能原因为水源、管道等。压力开关应能联锁启动消防水泵，但根据题意可知未联动消防泵。

【题6】指出导致水流指示器始终不复位的原因。

【参考答案】

（1）水流指示器的桨片被管道内的杂物卡阻。

（2）调整螺母与触头未调试到位。

（3）电路接线脱落。

【命题思路】

本题主要考查水流指示器的故障原因。

【解题分析】

水流指示器不复位的原因可能存在于线路、接头、桨片等，从多个方面回答即可。有关水流指示器的故障原因和故障处理，也可见《消防安全技术综合能力》教材第3篇第4章第2节。

第四题

某一级耐火等级的四星级旅馆建筑，建筑高度为128.0m，下部设置3层地下室（每层层高3.3m）和4层裙房，裙房的建筑高度为33.4m，高层主体东侧为旅馆主入口。设置了长12m、宽6m、高5m的门廊，北侧设置员工出入口。建筑主体3层（局部4层）以上外墙全部设置玻璃幕墙。旅馆客房建筑面积为50～96m²，外窗全部为不可开启窗扇的外窗。建筑周围设置宽度为6m的环形消防车道，消防车道的内边缘距离建筑物外墙6～22m；沿建筑高层主体东侧和北侧连续设置了宽度为15m的消防车登高操作场地，北侧的消防车登高操作场地距离建筑外墙12m，东侧距离建筑外墙6m。

地下1层设置总建筑面积为7000m²的商店，总建筑面积980m²的卡拉OK厅（每间房间的建筑面积小于50m²）和1个建筑面积为260m²的舞厅；地下2层设置变配电室（干式变压器）、常压燃油锅炉房和柴油发电机房等设备用房和汽车库；地下3层设置消防水池、消防水泵房和汽车库。在地下1层，娱乐区与商店之间采用防火墙完全分隔；卡拉OK区域每隔180~200m²设置了2.00h耐火极限的实体墙，每间卡拉OK的房门均为防烟隔声门。舞厅与其他部分的分隔为2.00h耐火极限的实体墙和乙级防火门；商店内的相邻防火分区之间均有一道宽度为9m（分隔部位长度大于30m）且符合规范要求的防火卷帘。

裙房的地上1、2层设置商店，3层设置商店和宝宝乐等儿童活动场所，④层设置餐饮场所和电影院。1层的商店采用轻质墙体在吊顶下将商店隔成每间建筑面积小于100m²的多个小商铺，每间商铺的门口均通向主疏散通道，至最近安全出口的直线距离均为5~35m，商铺进深为8m。裙房与高层主体之间用防火墙和甲级防火门进行了分隔，裙房和建筑的地下室均按国家标准要求的建筑面积和分隔方式划分防火分区。

高层主体的疏散楼梯间、客房、公共走道的地面均为阻燃地毯（B_1级），客房墙面贴有墙布（B_2级）；旅馆大堂和商店的墙面和地面均为大理石（A级）装修，顶棚均为石膏板（A级）。

建筑高层主体、裙房和地下室的疏散楼梯均按国家标准采用了防烟楼梯间或疏散楼梯，地下楼层的疏散楼梯在首层与地上楼层的疏散楼梯已采用符合要求的防火隔墙和防火门完全分隔。地下一层商店有3个防火分区分别借用了其他防火分区2.4m疏散净宽度，且均不大于被借用疏散宽度的防火分区所需的疏散净宽度的30%，每个防火分区的疏散净宽度（包括借用的疏散宽度）均符合国家标准的规定，商店区域的总疏散净宽度为39.6m（各防火分区的人员密度均按0.6人/m²取值）。

建筑按国家标准设置了自动喷水灭火系统、室内外消火栓系统、火灾自动报警系统、防烟系统及灭火器等，每个消火栓箱内配置消防水带、消防水枪、消防水泵接合器直接设置在高层主体北侧的外墙上，地下室、商店、酒店区的公共走道和建筑面积大于100m²的房间均按国家标准配置了机械排烟系统。

根据以上材料，回答下列问题（共21分）。

【题1】指出该建筑在总平面布局方面存在的问题，并简述理由。
【参考答案】
  问题（1）：四层裙房建筑高度33.4m，"裙房"的定性不符合规范要求。
  理由：《建筑设计防火规范》GB 50016—2014规定"裙房"为在高层建筑主体投影范围外、与建筑主体相连且建筑高度不大于24m的附属建筑。
  问题（2）：北侧的消防车登高操作场地距离建筑外墙12m，东侧距离建筑外墙6m，不符合规范要求。
  理由：《建筑设计防火规范》GB 50016—2014规定，消防车登高操作场地靠外墙一侧的边缘距离建筑外墙不宜小于5m，且不应大于10m。
  问题（3）：高层主体东侧设置了宽6m的门廊，并在东侧设置了消防车登高操作场地，不符合规范要求。
  理由：《建筑设计防火规范》GB 50016—2014规定，消防车登高操作场地范围内的裙房进深不应大于4m。

【命题思路】
  本题主要考查《建筑设计防火规范》中建筑定性、救援场地方面的知识。

【解题分析】
《建筑设计防火规范》GB 50016—2014 第 2.1.2 条规定了裙房的定义，第 7.2.1 条和第 7.2.2 条规定了消防登高操作场地的设置要求。

【题 2】指出该建筑在平面布置方面存在的问题，并简述理由。

【参考答案】
问题（1）：地下一层设有一个建筑面积为 260m² 的舞厅，不符合规范要求。

理由：《建筑设计防火规范》GB 50016—2014 规定，歌舞厅布置在地下时，一个厅的建筑面积不应大于 200m²。

问题（2）：地下二层设有变配电室（干式变压器）、常压燃油锅炉房和柴油发电机房等设备用房，与地下一层商店、卡拉 OK 厅、舞厅为贴邻布置，不符合规范要求。

理由：商店、卡拉 OK 厅、舞厅等功能场所为人员密集场所，《建筑设计防火规范》GB 50016—2014 规定，燃油或燃气锅炉、油浸变压器、充有可燃油的高压电容器和多油开关等布置在民用建筑内时，不应布置在人员密集场所的上一层、下一层或贴邻。

问题（3）：消防水泵房设置在地下三层，不符合规范要求。

理由：《建筑设计防火规范》GB 50016—2014 规定，附设在建筑内的消防水泵房，不应设置在地下三层及以下或室内地面与室外出入口地坪高差大于 10m 的地下楼层。

【命题思路】
本题主要考查《建筑设计防火规范》对人员密集活动场所、设备房等功能场所的平面布置要求，包括建筑面积大小、空间位置等内容。

【解题分析】
《建筑设计防火规范》GB 50016—2014 第 5.4.9 条规定了歌舞厅的设置要求，第 5.4.12 条和第 5.4.13 条规定了燃油或燃气锅炉、油浸变压器、柴油发电机房的设置要求，第 8.1.6 条规定了消防水泵房的设置要求。

【题 3】指出该建筑在防火分区和防火分隔方面存在的问题，并简述理由。

【参考答案】
问题（1）卡拉 OK 厅建筑面积 980m²，舞厅建筑面积为 260m²，二者划分为同一个防火分区，该防火分区面积超出规范要求。

理由：《建筑设计防火规范》GB 50016—2014 规定，地下建筑（室）防火分区最大允许建筑面积不应大于 500m²，当建筑内设置自动灭火系统时，可增加 1.0 倍。该区域设有自动喷水灭火系统，防火分区面积不应大于 1000m²。

问题（2）：卡拉 OK 区域每间房间的建筑面积小于 50m²，该区域每隔 180～200m² 设置了 2.00h 耐火极限的实体墙，不符合规范要求。

理由：《建筑设计防火规范》GB 50016—2014 规定，卡拉 OK 厅的每个厅、室之间，都应采用耐火极限不低于 2.00h 的防火隔墙和 1.00h 的不燃性楼板分隔。

问题（3）：每间卡拉 OK 的房门为防烟隔声门，不符合规范要求。

理由：按《建筑设计防火规范》GB 50016—2014 规定，设置在卡拉 OK 厅、室墙上的门和该场所与建筑内其他部位相通的门均应采用乙级防火门。

问题（4）：舞厅与其他部分的分隔为 2.00h 耐火极限的实体墙，不符合规范要求。

理由：按《建筑设计防火规范》GB 50016—2014 规定，舞厅与其他部分的分隔应采用耐火极限不低于 2.00h 的防火隔墙。

【命题思路】

本题主要考查《建筑设计防火规范》GB 50016—2014 对人员密集活动场所的防火分区面积、防火分隔构件的种类和耐火极限方面的要求。

【解题分析】

《建筑设计防火规范》GB 50016—2014 第 5.3.1 条规定了地下或半地下建筑（室）的防火分区面积要求，该条的注 1 中规定当建筑内设置自动灭火系统时，可按表 5.3.1 的规定增加 1.0 倍；局部设置时，防火分区的增加面积可按该局部面积的 1.0 倍计算；第 5.4.9 条规定了卡拉 OK 厅、室之间及与建筑的其他部位之间的防火分隔要求。

【题 4】指出该建筑在安全疏散方面存在的问题，并简述理由。

【参考答案】

问题（1）：三层的宝宝乐等儿童活动场所未设置独立的安全出口和疏散楼梯，不符合规范要求。

理由：按《建筑设计防火规范》GB 50016—2014 规定，儿童活动场所设置在高层建筑内时，应设置独立的安全出口和疏散楼梯。

问题（2）：四层电影院未设置独立的安全出口和疏散楼梯，不符合规范要求。

理由：按《建筑设计防火规范》GB 50016—2014 规定，电影院设置在其他民用建筑内时，至少应设置 1 个独立的安全出口和疏散楼梯。

问题（3）：每间商铺进深为 8m，商铺门口至最近安全出口的直线距离均为 5～35m，不符合规范要求。

理由：按《建筑设计防火规范》GB 50016—2014 规定，一、二级耐火等级建筑内的营业厅，其室内任一点至最近疏散门或安全出口的直线距离不应大于 30m，当该场所设置自动喷水灭火系统时，室内任一点至最近安全出口的安全疏散距离可分别增加 25%，即 $30\times(1+25\%)=37.5$m。

商铺进深 8m，至安全出口距离为 35m，35+8=43＞37.5m。

问题（4）：地下一层商店有 3 个防火分区分别借用了其他防火分区的疏散净宽度，且不大于被借用疏散宽度的防火分区所需的疏散净宽度的 30%，不符合规范要求。

理由：按《建筑设计防火规范》GB 50016—2014 规定，防火分区借用相邻防火分区的疏散净宽度不应大于本防火分区所需疏散总净宽度的 30%，而不是被借用防火分区的疏散净宽度。

问题（5）：商店区域的总疏散净宽度为 39.6m，不符合规范要求。

理由：商店区域的总建筑面积为 7000m^2，人员密度按 0.6 人/m^2 取值，按《建筑设计防火规范》GB 50016—2014 规定，地下或半地下人员密集的厅、室和歌舞娱乐放映游艺场所，其房间疏散门、安全出口、疏散走道和疏散楼梯的各自总净宽度，应根据疏散人数按每 100 人不小于 1.00m 计算确定，则所需疏散宽度为 7000×0.6×1/100=42（m）。

【命题思路】

本题主要考查《建筑设计防火规范》GB 50016—2014 对儿童活动场所和电影院疏散设施的设置、商铺的疏散距离和疏散宽度计算、人员密度取值、借用相邻防火分区疏散宽度等方面的要求。

【解题分析】

《建筑设计防火规范》GB 50016—2014 第 5.4.4 条规定了儿童活动场所疏散设施的设置要求，第 5.4.7 条规定了电影院疏散设施的设置要求，第 5.5.17 条规定了各类场所的疏散距离要求，该条的注 4 中规定，一、二级耐火等级建筑内疏散门或安全出口不少于 2 个的观众厅、展览厅、多功能厅、餐厅、营业厅等，其室内任一点至最近疏散门或安全出口的直线距离不应大于 30m；当疏散门不能直通室外地面或疏散楼梯间时，应采用长度不大于 10m 的疏散走道通至最近的安全出口。当该场所设置自动喷水灭火系统时，室内任一点至最近安全出口的安全疏散距离可分别增加 25％。第 5.5.9 条规定了借用相邻防火分区的疏散净宽度的限制要求。第 5.5.21 条第 2 款规定了地下或半地下人员密集的厅、室计算疏散宽度时应根据疏散人数按每 100 人不小于 1.00m 计算确定。

【题5】指出该建筑内部装修防火方面存在的问题，并简述理由。

【参考答案】

问题（1）：高层主体的疏散楼梯间、客房，公共走道的地面均为阻燃地毯（B_1 级），错误。

理由：根据《建筑内部装修设计防火规范》GB 50222—2017 的规定，疏散楼梯间和前室的顶棚、墙面和地面均应采用 A 级装修材料。

问题（2）：客房墙面贴有墙布（B_2 级），错误。

理由：根据《建筑内部装修设计防火规范》GB 50222—2017 的规定，建筑高度大于 100m 的高层建筑，墙面的装修材料燃烧性能等级不应低于 B_1 级，即使设置自动喷水灭火系统和火灾自动报警系统，装修材料的燃烧性能等级也不能降低。

【命题思路】

本题主要考查《建筑内部装修设计防火规范》GB 50222—2017 对疏散楼梯、墙面、地面等部位装修材料燃烧性能等级的要求，尤其对于建筑高度大于 100m 的建筑，设置自动喷水灭火系统和火灾自动报警系统后，燃烧性能等级能否降低。

【解题分析】

《建筑内部装修设计防火规范》GB 50222—2017 第 4.0.5 条规定了疏散楼梯间和前室的顶棚、墙面和地面的装修材料燃烧性能要求，第 5.2.1 条规定了高层民用建筑的装修材料燃烧性能要求，第 5.2.3 条规定了对于 100m 以上高层民用建筑，设置了自动喷水灭火系统和火灾自动报警系统，装修材料燃烧性能要求仍然不可降低。

【题6】指出该建筑在消防设备配置方面存在的问题，并简述理由。

【参考答案】

问题（1）：未设置消防软管卷盘或轻便消防水龙。

理由：按《建筑设计防火规范》GB 50016—2014 规定，建筑高度大于 100m 的建筑应设置消防软管卷盘或轻便消防水龙。

问题（2）：消防水泵接合器直接设置在高层主体北侧的外墙上。

理由：按《建筑设计防火规范》GB 50016—2014 规定，水泵接合器应设置在距离建筑外墙相对安全的位置或采取安全防护措施。

问题（3）：卡拉 OK 厅未设置排烟设施。

理由：按《建筑设计防火规范》GB 50016—2014 规定，设置在地下的歌舞娱乐放映游艺场所应设置排烟设施。

问题（4）：未设置应急照明和灯光疏散指示标志。

理由：按《建筑设计防火规范》GB 50016—2014 规定，该建筑的防烟楼梯间及其前室、疏散走道、人员密集的场所等部位应设置疏散照明，商店、歌舞厅、卡拉 OK 厅的疏散走道和主要疏散路径的地面上增设能保持视觉连续的灯光疏散指示标志或蓄光疏散指示标志。

【命题思路】

本题主要考查《建筑设计防火规范》GB 50016—2014 对不同高度建筑、不同面积的功能场所是否应设置消防软管卷盘、轻便消防水龙、排烟设施、应急照明、灯光疏散指示标志等方面的要求，以及消防水泵接合器的安全设置要求。

【解题分析】

《建筑设计防火规范》GB 50016—2014 第 8.2.4 条规定了应设置消防软管卷盘或轻便消防水龙的建筑，第 8.1.11 条规定了设置消防水泵接合器的安全注意事项，第 8.5.3 条规定了民用建筑内应设置排烟设施的功能场所，第 10.3.1 条和 10.3.6 条分别规定了应急照明和灯光疏散指示标志的设置要求。

第五题

消防技术服务机构受托对某地区银行办公的综合楼进行消防设施的专项检查，该综合楼火灾自动报警系统采用双电源供电，双电源切换控制箱安装在一层低压配电室，考虑到系统供电的可靠性，在供电回路上设置剩余电流电气火灾探测器，实现电流故障动作保护和过负载保护。火灾报警控制器显示 12 只感烟探测器被屏蔽（洗衣房 2 只，其他楼层 10 只），1 只防火阀模块故障。

对火灾自动报警系统进行测试，过程如下：切断控制器与备用电源之间的连接，控制器无异常显示；恢复控制器与备用电源之间的连接，切断火灾报警控制器的主电源，控制器自动切换到备用电源工作，显示主电源故障；测试 8 只感烟探测器，6 只正常报警，2 只不报警，试验过程中控制器出现重启现象，继续试验报警功能，控制器关机。无法重新启动；恢复控制器主电源，控制器启动并正常工作；使探测器底座上的总线接线端子短路，控制器上显示该探测器所在回路总线故障，触发满足防排烟系统启动条件的报警信号，消防联动控制器发出了同时启动 5 个排烟阀和 5 个送风阀的控制信号，控制器显示了 3 个排烟阀和 5 个送风阀的开启反馈信号，相对应的排烟机和送风机正常启动并在联动控制器上显示启动反馈信号。

银行数据中心机房设置了 IG541 气体灭火系统，以组合分配方式设置 A、B、C 三个气体灭火防护区。断开气体灭火控制器与各防护区气体灭火驱动装置的连接线，进行联动控制功能试验，过程如下：

按下 A 防护区门外设置的气体灭火手动启动按钮。A 防护区内的声光警报器启动。然后按下气体灭火器手动停止按钮，测量气体灭火控制控制器启动输出端电压，一直为0V。

按下B防护区内1只火灾手动报警按钮。测量气体火灾控制器输出端电压，25s后电压为24V。

测试C防护区，按下气体灭火控制器上的启动按钮。再按下相对应的停止按钮，测量气体灭火控制器启动输出端电压，25s后电压为24V。

据了解，消防维保单位进行系统试验过程中不慎碰坏了两端驱动气体管道，维保人员直接更换了损坏的驱动气体管道并填写了维修更换记录。

根据以上材料，回答下列问题（共21分）。

【题1】根据检查测试情况指出消防供电及火灾报警系统中存在的问题。
【参考答案】
(1) 双电源切换控制箱安装在一层低压配电室，应设在最末一级配电箱。
(2) 火灾自动报警系统的供电回路上设置了剩余电流电气火灾探测器，消防配电线路中不宜设置剩余电流电气火灾探测器。
(3) 12只感烟探测器被屏蔽，不应屏蔽感烟探测器。
(4) 1只防火阀模块故障，有故障应及时维修。
(5) 切断控制器与备用电源之间的连接，控制器无异常显示，说明存在故障，应及时维修。
(6) 测试8只感烟探测器，6只正常报警，2只不报警。
(7) 实验过程中控制器出现重启现象，继续试验报警功能，控制器关机，无法重新启动，恢复控制器主电源，控制器启动并正常工作。说明备用电源存在问题。
(8) 消防联动控制器发出启动5个排烟阀的控制信号，控制器显示了3个排烟阀的开启反馈信号，说明排烟阀无法联动开启，也有可能是开启反馈信号传输或显示异常。

【命题思路】
本题主要考查《建筑设计防火规范》GB 50016—2014、《火灾自动报警系统设计规范》GB 50116—2013对火灾自动报警系统的规定，以及消防维保检测方面的常见问题。

【解题分析】
《建筑设计防火规范》GB 50016—2014第10.1.8规定，消防控制室、消防水泵房、防烟和排烟风机房的消防用电设备及消防电梯等的供电，应在其配电线路的最末一级配电箱处设置自动切换装置。

《火灾自动报警系统设计规范》GB 50116—2013第9.2.2条规定，剩余电流式电气火灾监控探测器不宜设置在IT系统的配电线路和消防配电线路中。

【题2】导致排烟阀未反馈开启信号的原因是什么？
【参考答案】
(1) 排烟阀控制模块故障。
(2) 排烟阀与控制模块之间的连接线路故障。
(3) 排烟阀本身故障。

【命题思路】

本题主要考查启动排烟阀的工作原理。

【解题分析】

消防联动控制器发出指令启动排烟阀，须由控制模块发出启动信号，启动信号经排烟阀与控制模块之间的连接线路传输至排烟阀，排烟阀正常开启并反馈开启信号。任何一个环节出现问题，则排烟阀无法正常启动。

【题3】三个气体灭火防护区的气体灭火联动控制功能是否正常？为什么？

【参考答案】

A 防护区正常

B 防护区不正常

C 防护区不正常

原因：

（1）按下 A 防护区外设置的气体灭火手动启动按钮，A 防护区内的声光警报器启动，说明联动正常，然后按下气体灭火器手动停止按钮，系统停止动作，此时电压应为 0V，而测得的气体灭火控制控制器启动输出端电压一直为 0V，说明联动控制功能正常。

（2）系统的联动触发信号应为同一防护区域内两只独立的火灾探测器的报警信号、一只火灾探测器与一只手动火灾报警按钮的报警信号或防护区外的紧急启动信号。B 防护区的 1 只火灾手动报警按钮发出信号，气体火灾控制器输出端电压 25s 后为 24V，说明系统启动，联动控制功能不正常。

（3）C 防护区，依次按下气体灭火控制器上的启动按钮、停止按钮，气体灭火控制器应停止启动，气体灭火控制器启动输出端电压为 0V，而测得的电压为 24V，说明联动控制功能不正常。

【命题思路】

本题主要考查气体灭火联动控制功能的工作原理。

【解题分析】

《火灾自动报警系统设计规范》GB 50116—2013 第 4.2.2 条、第 4.4.3 条、第 4.2.4 条规定了气体灭火系统联动触发信号、联动控制和手动控制要求：气体灭火控制器应由同一防护区域内两只独立的火灾探测器的报警信号、一只火灾探测器与一只手动火灾报警按钮的报警信号或防护区外的紧急启动信号，作为系统的联动触发信号；在防护区疏散出口的门外应设置气体灭火装置的手动启动和停止按钮，手动停止按钮按下时，气体灭火控制器、泡沫灭火控制器应停止正在执行的联动操作。

【题4】维保人员对配电室气体灭火系统驱动气体管道维修的做法是否正确？为什么？

【参考答案】

做法不正确。

因为按照《气体灭火系统施工及验收规范》GB 50263—2007 的规定，灭火剂输送管道安装完毕后，应进行强度试验和气压严密性试验，并合格。维保人员更换了驱动气体管道后未进行相关试验。

【命题思路】

本题主要考查气体灭火系统管道安装的相关技术要求。

【解题分析】

《气体灭火系统施工及验收规范》GB 50263—2007 第 5.5.4 条规定，灭火剂输送管道安装完毕后，应进行强度试验和气压严密性试验，并合格。

第六题

某砖混结构甲醇合成厂房，屋顶承重构件采用耐火极限 0.5h 的难燃材料，厂房地下 1 层，地上 2 层（局部 3 层）；建筑高度 22m，长度和宽度均为 40m，厂房居中位置设置一部连通各层的敞开楼梯，每层外墙上有便于开启的自然排烟窗，存在爆炸危险的部位按国家标准要求设置了泄压设施，厂房东侧外墙水平距离 25m 处有一间二级耐火等级的燃煤锅炉房（建筑高度 7m），南侧外墙水平距离 25m 处有一座二级耐火等级的多层厂房办公楼（建筑高度 16m），西侧 12m 处有一座丙类仓库（建筑高度 6m，二级耐火等级），北侧设置两座单罐容量为 300m³ 甲醇储罐，储罐与厂房之间的防火间距为 25m，储罐四周设置防火堤。防火堤外侧基脚线水平距离厂房北侧外墙 7m。厂房和防火堤四周设置宽度不小于 4m 的环形消防车道。

厂房内一层布置了变、配电站，办公室和休息室，这些场所之间及与其他部位之间均设置了耐火极限不低于 4.00h 的防火墙。变配电室与生产部位之间的防火墙上设置了镶嵌固定窗扇的防火玻璃观察窗。办公室和休息室与生产部位之间开设甲级防火门。顶层局部厂房临时改为员工宿舍，员工宿舍与生产部位之间为耐火极限不低于 4.00h 的防火墙，并设置了两部专用的防烟楼梯间。

厂房地面采用水泥地面，地表面涂刷醇酸油漆，厂房与相邻厂房相连通的管、沟采取了通风措施；下水道设置了水封设施。电气设备符合《爆炸危险环境电力装置设置设计规范》GB 50058—2014 规定的防爆要求。

根据以上材料，回答下列问题（共 21 分）。

【题 1】指出该厂房在火灾危险性和耐火等级方面存在的消防安全问题。并提出解决方案。

【参考答案】

存在的消防安全问题：甲醇合成厂房的火灾危险性为甲类，《建筑设计防火规范》GB 50016—2014 规定，甲类厂房的耐火极限不应低于二级，二级耐火等级建筑的屋顶承重构件应为耐火极限不低于 1.00h 的不燃性构件，该厂房的屋顶承重构件采用耐火极限 0.5h 的难燃材料，不符合规范要求。

解决方案：屋顶承重构件替换为耐火极限不低于 1.00h 的不燃性构件。

【命题思路】

本题主要考查厂房的火灾危险性的定性、甲类厂房的耐火等级要求和各耐火等级建筑中对应构件的耐火极限和燃烧性能。

【解题分析】

根据《建筑设计防火规范》GB 50016—2014 第 3.1.1 条及条文说明可确定甲醇合成厂房的火灾危险性为甲类，第 3.3.1 条规定了甲类厂房的耐火等级不低于二级，第 3.2.1 条规定了二级耐火等级建筑的屋顶承重构件应为耐火极限不低于1.00h的不燃性构件。

【题2】指出该厂房在总平面布局方面存在的消防安全问题，并提出解决方案。

【参考答案】

存在的消防安全问题（1）：

厂房东侧外墙水平距离25m处有一间二级耐火等级的燃煤锅炉房，厂房与燃煤锅炉房的间距不符合规范要求。

解决方案：①将燃煤锅炉房移至与厂房外墙水平距离不小于30m的位置；②拆除燃煤锅炉房。

存在的消防安全问题（2）：

防火堤外侧基脚线水平距离厂房北侧外墙7m，防火堤基脚线与厂房间距不符合规范要求。

解决方案：将防火堤外侧基脚线距厂房北侧外墙的距离设为不小于10m。

【命题思路】

本题主要考查规范对甲类厂房与散发火花地点的距离要求，以及储罐防火堤与相邻建筑的距离。

【解题分析】

《建筑设计防火规范》GB 50016—2014第3.4.2条规定，甲类厂房与明火或散发火花地点的防火间距不应小于30m；第4.2.1条的注2规定，储罐防火堤外侧基脚线至相邻建筑的距离不应小于10m。

【题3】指出该厂房的层数、建筑面积和平面布置方面存在的消防安全问题，并提出解决方案。

【参考答案】

存在的消防安全问题（1）：该厂房地下1层，地上2层（局部3层）；根据《建筑设计防火规范》GB 50016—2014的规定，该厂房为甲类厂房，地下不应设置厂房，地上宜为单层厂房。

解决方案：拆掉地下一层厂房，宜拆除地上的2层厂房和3层厂房。

存在的消防安全问题（2）：厂房内1层布置了变、配电站；变、配电站不应设置在甲、乙类厂房内或贴邻。

解决方案：将变、配电站移出厂房。

存在的消防安全问题（3）：厂房内1层布置了办公室和休息室，这些场所之间及与其他部位之间均设置了耐火极限不低于4.00h的防火墙；

解决方案：办公室和休息室从厂房移除，确需贴邻设置时，采用耐火极限不低于3.00h的防爆墙与厂房分隔和设置独立的安全出口。

存在的消防安全问题（4）：顶层局部厂房临时改为员工宿舍。

解决方案：移除宿舍。

【命题思路】

本题主要考查规范对甲类厂房的层数、变配电站的设置、办公室和休息室与甲类厂房的防火分隔、员工宿舍的设置等要求。

【解题分析】

《建筑设计防火规范》GB 50016—2014 第 3.3.4 条规定，甲、乙类生产场所（仓库）不应设置在地下或半地下；第 3.3.5 条规定，员工宿舍严禁设置在厂房内。办公室、休息室等不应设置在甲、乙类厂房内，确需贴邻本厂房时，其耐火等级不应低于二级，并应采用耐火极限不低于 3.00h 的防爆墙与厂房分隔和设置独立的安全出口。

【题 4】指出该厂房在安全疏散方面存在的消防安全问题，并提出解决方案。

【参考答案】

存在的消防安全问题：厂房居中位置设置一部连通各层的敞开楼梯，疏散楼梯形式不满足要求，疏散楼梯数量不满足要求。

解决方案：

（1）敞开楼梯改为封闭楼梯间或室外楼梯。

（2）厂房内每层应至少设置两个安全出口或疏散楼梯，而且安全出口或疏散楼梯的设置应满足相关规范的要求。

【命题思路】

本题主要考查规范对甲类厂房的疏散楼梯形式和疏散楼梯数量的要求。

【解题分析】

该建筑为甲类厂房。《建筑设计防火规范》GB 50016—2014 第 3.7.6 条规定，高层厂房和甲、乙、丙类多层厂房的疏散楼梯应采用封闭楼梯间或室外楼梯；第 3.7.2 条规定，厂房内每个防火分区或一个防火分区内的每个楼层，其安全出口的数量应经计算确定，且不应少于 2 个。该建筑每层可作为一个防火分区，安全出口数量至少应为两个。

【题 5】指出该厂房在防爆和其他方面存在的消防问题，并提出解决方案。

【参考答案】

存在的消防安全问题（1）：厂房地面采用水泥地面，地表面涂刷醇酸油漆；水泥地面易发火花，有爆炸风险。

解决方案：采用不发生火花的地面，采用绝缘材料作为整体面层时，应采取防静电措施。

存在的消防安全问题（2）：厂房与相邻厂房相连通的管、沟采取了通风措施。

解决方案：厂房内不宜设置地沟，确需设置时，其盖板应严密，地沟应采取防止可燃气体、可燃蒸气和粉尘、纤维在地沟积聚的有效措施，且应在与相邻厂房连通处采用防火材料密封。

存在的消防安全问题（3）：厂房下水道设置了水封设施，未设置隔油设施。

解决方案：下水道应设置隔油设施。

【命题思路】

本题主要考查规范对甲类厂房的防爆方面的规定。

【解题分析】

《建筑设计防火规范》GB 50016—2014 第 3.6.6 条规定：

散发较空气重的可燃气体、可燃蒸汽的甲类厂房和有粉尘、纤维爆炸危险的乙类厂房，应符合下列规定：

1 应采用不发火花的地面。采用绝缘材料作整体面层时，应采取防静电措施；

2 散发可燃粉尘、纤维的厂房，其内表面应平整、光滑，并易于清扫；

3 厂房内不宜设置地沟，确需设置时，其盖板应严密，地沟应采取防止可燃气体、可燃蒸气和粉尘、纤维在地沟积聚的有效措施，且应在与相邻厂房连通处采用防火材料密封。

该条第1款和第3款分别对应答案中的（1）（2）。

第3.6.11规定，使用和生产甲、乙、丙类液体的厂房，其管、沟不应与相邻厂房的管、沟相通，下水道应设置隔油设施。

该条对应答案中的（3）。

附录

附录 A 一级注册消防工程师资格考试考生须知

报名条件

凡中华人民共和国公民，遵守国家法律、法规，恪守职业道德，并符合一级注册消防工程师资格考试报名条件之一的，均可申请参加一级注册消防工程师资格考试。

（一）取得消防工程专业大学专科学历，工作满 6 年，其中从事消防安全技术工作满 4 年；或者取得消防工程相关专业大学专科学历（消防工程相关专业新旧对照见表1），工作满 7 年，其中从事消防安全技术工作满 5 年。

（二）取得消防工程专业大学本科学历或者学位，工作满 4 年，其中从事消防安全技术工作满 3 年；或者取得消防工程相关专业大学本科学历，工作满 5 年，其中从事消防安全技术工作满 4 年。

（三）取得含消防工程专业在内的双学士学位或者研究生班毕业，工作满 3 年，其中从事消防安全技术工作满 2 年；或者取得消防工程相关专业在内的双学士学位或者研究生班毕业，工作满 4 年，其中从事消防安全技术工作满 3 年。

（四）取得消防工程专业硕士学历或者学位，工作满 2 年，其中从事消防安全技术工作满 1 年；或者取得消防工程相关专业硕士学历或者学位，工作满 3 年，其中从事消防安全技术工作满 2 年。

（五）取得消防工程专业博士学历或者学位，从事消防安全技术工作满 1 年；或者取得消防工程相关专业博士学历或者学位，从事消防安全技术工作满 2 年。

（六）取得其他专业相应学历或者学位的人员，其工作年限和从事消防安全技术工作年限相应增加 1 年。

免试条件

凡符合一级注册消防工程师资格考试报名条件，并具备下列一项条件的可免试"消防安全技术实务"科目，只参加"消防安全技术综合能力"和"消防安全案例分析"2 个科目的考试。

（一）2011 年 12 月 31 日前，评聘高级工程师技术职务的；

（二）通过全国统一考试取得一级注册建筑师资格证书，或者勘察设计各专业注册工程师资格证书的。

成绩管理

一级注册消防工程师资格考试成绩实行滚动管理方式，参加全部 3 个科目考试（级别为考全科）的人员，必须在连续 3 个考试年度内通过应试科目；参加 2 个科目考试（级别为免 1 科）的人员必须在 2 个连续考试年度内通过应试科目，方能取得资格证书。

附 录

考试时长及题型

一级注册消防工程师资格考试分 3 个半天进行。其中,《消防安全技术实务》和《消防安全技术综合能力》科目的考试时间均为 2.5 小时,题型均为客观题(单选 80 道题,每题 1 分;多选 20 道题,每题 2 分),满分 120 分。《消防安全案例分析》科目的考试时间为 3 小时,题型为主观题(6 道大题),满分 120 分。

消防工程相关专业新旧对照表　　　　　表1

专业划分	专业名称(98 版)	旧专业名称(98 年前)
工学类相关专业	电气工程及其自动化 电子信息工程 通信工程 计算机科学与技术	电力系统及其自动化;高电压与绝缘技术;电气技术(部分);电机电器及其控制;光源与照明;电气工程及其自动化;电子工程;应用电子技术;信息工程;广播电视工程;电子信息工程;无线电技术与信息系统;电子与信息技术;公共安全图像技术;通信工程;计算机通信;计算机及应用;计算机软件;软件工程
	建筑学 城市规划 土木工程 建筑环境与设备工程 给水排水工程	建筑学;城市规划;城镇建设(部分);总图设计与运输工程(部分);矿井建设;建筑工程;城镇建设(部分);交通土建工程;工业设备安装工程;涉外建筑工程;土木工程;供热通风与空调工程;城市燃气工程;供热空调与燃气工程;给水排水工程
	安全工程	矿山通风与安全;安全工程
	化学工程与工艺	化学工程;化工工艺;工业分析;化学工程与工艺
管理学类相关专业	管理科学 工业工程 工程管理	管理科学;系统工程(部分);工业工程;管理工程(部分);涉外建筑工程营造与管理;国际工程管理

注:表中"专业名称"指中华人民共和国教育部高等教育司 1998 年颁布的《普通高等学校本科专业目录和专业介绍》中规定的专业名称;"旧专业名称"指 1998 年《普通高等学校本科专业目录和专业介绍》颁布前各院校所采用的专业名称。

附录 B 一级注册消防工程师考试大纲

（注：截至本书出版之时，新版考试大纲尚未公布，本大纲为 2019 年版，供读者参考）

科目一：《消防安全技术实务》

一、考试目的

考查消防专业技术人员在消防安全技术工作中，依据现行消防法律法规及相关规定，熟练运用相关消防专业技术和标准规范，独立辨识、分析、判断和解决消防实际问题的能力。

二、考试内容及要求

（一）燃烧与火灾

1. 燃烧

运用燃烧机理，分析燃烧的必要条件和充分条件。辨识不同的燃烧类型及其燃烧特点，判断典型物质的燃烧产物和有毒有害性。

2. 火灾

运用火灾科学原理，辨识不同的火灾类别，分析火灾发生的常见原因，认真研究预防和扑救火灾的基本原理，组织制定预防和扑救火灾的技术方法。

3. 爆炸

运用相关爆炸机理，辨识不同形式的爆炸及其特点，分析引起爆炸的主要原因，判断物质的火灾爆炸危险性，组织制定有爆炸危险场所建筑物的防爆措施与方法。

4. 易燃易爆危险品

运用燃烧和爆炸机理，辨识易燃易爆危险品的类别和特性，分析其火灾和爆炸的危险性，判断其防火防爆要求与灭火方法的正确性，组织策划易燃易爆危险品安全管理的方法与措施。

（二）通用建筑防火

1. 生产和储存物品的火灾危险性

根据消防技术标准规范，运用相关消防技术，辨识各类生产和储存物品的火灾危险性，分析、判断生产和储存物品火灾危险性分类的正确性，组织研究、制定控制或降低生产和储存物品火灾风险的方法与措施。

2. 建筑分类与耐火等级

根据消防技术标准规范，运用相关消防技术，辨识、判断不同建筑材料和建筑物构件的燃烧性能、建筑物构件的耐火极限以及不同建筑物的耐火等级，组织研究和制定建筑结构防火的措施。

3. 总平面布局和平面布置

根据消防技术标准规范，运用相关消防技术，辨识建筑物的使用性质和耐火等级，分析、判断建筑规划选址、总体布局以及建筑平面布置的合理性和正确性，组织研究和制定相应的防火技术措施。

4. 防火防烟分区与分隔

根据消防技术标准规范，运用相关消防技术，辨识常用防火防烟分区分隔构件，分析、判断防火墙、防火卷帘、防火门、防火阀、挡烟垂壁等防火防烟分隔设施设置的正确性，针对不同建筑物和场所，组织研究、确认防火分区划分和防火分隔设施选用的技术要求。

5. 安全疏散

根据消防技术标准规范，运用相关消防技术，针对不同的工业与民用建筑，组织研究、确认建筑疏散设施的设置方法和技术要求，辨识在疏散楼梯形式、安全疏散距离、安全出口宽度等方面存在的隐患，分析、判断建筑安全出口、疏散走道、避难走道、避难层等设置的合理性。

6. 建筑电气防火

根据消防技术标准规范，运用相关消防技术，辨识电气火灾危险性，分析电气火灾发生的常见原因，组织研究、制定电气防火技术措施、方法与要求。

7. 建筑防爆

根据消防技术标准规范，运用相关消防技术，辨识建筑防爆安全隐患，分析、判断爆炸危险环境电气防爆措施的正确性，组织研究、制定爆炸危险性厂房、库房防爆技术措施、方法与要求。

8. 建筑设备防火防爆

根据消防技术标准规范，运用相关消防技术和防爆技术，辨识燃油、燃气锅炉和电力变压器等设施以及采暖、通风与空调系统的火灾爆炸危险性，分析、判断锅炉房、变压器室以及采暖、通风与空调系统防火防爆措施应用的正确性，组织研究、制定建筑设备防火防爆技术措施、方法与要求。

9. 建筑装修、外墙保温材料防火

根据消防技术标准规范，运用相关消防技术，辨识各类装修材料和外墙保温材料的燃烧性能，分析、判断建筑装修和外墙保温材料应用方面存在的火灾隐患，组织研究和解决不同建筑物和场所内部装修与外墙保温系统的消防安全技术问题。

10. 灭火救援设施

根据消防技术标准规范，运用相关消防技术，组织研究、制定消防车道、消防扑救面、消防车作业场地、消防救援窗及屋顶直升机停机坪、消防电梯等消防救援设施的设置技术要求，解决相关技术问题。

(三) 建筑消防设施

1. 室内外消防给水系统

根据消防技术标准规范，运用相关消防技术，辨识消防给水系统的类型和特点，分析、判断建筑物室内外消防给水方式的合理性，正确计算消防用水量，解决消防给水系统相关技术问题。

2. 自动水灭火系统

根据消防技术标准规范，运用相关消防技术，辨识自动喷水灭火系统、水喷雾灭火系统、细水雾灭火系统的灭火机理和系统特点，针对不同保护对象，分析、判断建设工程中自动喷水灭火系统、水喷雾灭火系统、细水雾灭火系统选择和设置的适用性与合理性，解决相关技术问题。

3. 气体灭火系统

根据消防技术标准规范，运用相关消防技术，辨识各类气体灭火系统的灭火机理和系统特点，针对不同保护对象，分析、判断建设工程中气体灭火系统选择和设置的适用性与合理性，解决相关技术问题。

4. 泡沫灭火系统

根据消防技术标准规范，运用相关消防技术，辨识低倍数、中倍数、高倍数泡沫灭火系统的灭火方式和系统特点，针对不同保护对象，分析、判断泡沫灭火系统选择和设置的适用性与合理性，解决相关技术问题。

5. 干粉灭火系统

根据消防技术标准规范，运用相关消防技术，辨识干粉灭火系统的灭火方式和系统特点，针对不同保护对象，分析、判断干粉灭火系统选择和设置的适用性与合理性，解决相关技术问题。

6. 火灾自动报警系统

根据消防技术标准规范，运用相关消防技术，辨识火灾自动报警系统的报警方式和系统特点，针对不同建筑和场所，分析和判断系统选择和设置的适用性与合理性，解决相关技术问题。

7. 防烟排烟系统

根据消防技术标准规范，运用相关消防技术，辨识建筑防烟排烟系统的方式和特点，分析、判断系统选择和设置的适用性与合理性，解决相关技术问题。

8. 消防应急照明和疏散指示标志

根据消防技术标准规范，运用相关消防技术，辨识建筑消防应急照明和疏散指示标志设置的方式和特点，针对不同建筑和场所，分析、判断消防应急照明和疏散指示标志选择和设置的适用性与合理性，解决相关技术问题。

9. 城市消防安全远程监控系统

根据消防技术标准规范，运用相关消防技术，辨识城市消防安全远程监控系统的方式和特点，分析、判断系统选择和设置的适用性与合理性，组织研究、制定系统设置的技术要求和运行使用要求。

10. 建筑灭火器配置

根据消防技术标准规范，运用相关消防技术，辨识不同灭火器的种类与特点，针对不同建筑和场所，分析、判断灭火器的选择和配置的适用性与合理性，正确计算和配置建筑灭火器。

11. 消防供配电

根据消防技术标准规范，运用相关消防技术，辨识建筑消防用电负荷等级和消防电源的供电负荷等级。针对不同的建筑和场所，分析、判断消防供电方式和消防用电负荷等级，组织研究和解决建筑消防供配电技术问题。

（四）特殊建筑、场所防火

1. 石油化工防火

根据消防技术标准规范，运用相关消防技术，辨识石油化工火灾特点，分析、判断石油化工生产、运输和储存过程中的火灾爆炸危险性，组织研究和制定相应的火灾防控措施，解决相关的消防安全技术问题。

2. 地铁防火

根据消防技术标准规范，运用相关消防技术，辨识地铁建筑火灾特点，分析、判断地铁火灾危险性，组织研究和制定相应的火灾防控措施，解决相关的消防安全技术问题。

3. 城市交通隧道防火

根据消防技术标准规范，运用相关消防技术，辨识隧道建筑火灾特点，分析、判断城市交通隧道的火灾危险性，组织研究和制定相应的火灾防控措施，解决相关的消防安全技术问题。

4. 加油加气站防火

根据消防技术标准规范，运用相关消防技术，辨识加油加气站的火灾特点，分析、判断加油加气站的火灾危险性，组织研究和制定相应的火灾防控措施，解决相关的消防安全技术问题。

5. 发电厂和变电站防火

根据消防技术标准规范，运用相关消防技术，辨识火力发电厂和变电站的火灾特点，分析、判断火力发电厂和变电站的火灾危险性，组织研究和制定相应的火灾防控措施，解决相关的消防安全技术问题。

6. 飞机库防火

根据消防技术标准规范，运用相关消防技术，辨识飞机库建筑的火灾特点，分析、判断飞机库的火灾危险性，组织研究和制定相应的火灾防控措施，解决相关的消防安全技术问题。

7. 汽车库、修车库防火

根据消防技术标准规范，运用相关消防技术，辨识汽车库、修车库的火灾特点，分析、判断汽车库、修车库的火灾危险性，组织研究和制定相应的火灾防控措施，解决相关的消防安全技术问题。

8. 洁净厂房防火

根据消防技术标准规范，运用相关消防技术，辨识洁净厂房的火灾特点，分析、判断洁净厂房的火灾危险性，组织研究和制定相应的火灾防控措施，解决相关的消防安全技术问题。

9. 信息机房防火

根据消防技术标准规范，运用相关消防技术，辨识信息机房的火灾危险性和火灾特点，分析、判断信息机房的火灾危险性，组织研究和制定相应的火灾防控措施，解决相关的消防安全技术问题。

10. 古建筑防火

根据消防技术标准规范和相关管理规定，运用相关消防技术，辨识古建筑的火灾特点、分析、判断古建筑的火灾危险性，组织研究和制定相应的火灾防控措施，解决相关的消防安全技术问题。

11. 人民防空工程防火

根据消防技术标准规范，运用相关消防技术，辨识人民防空工程的火灾特点，分析、判断人民防空工程的火灾危险性，组织研究和制定相应的火灾防控措施，解决相关的消防安全技术问题。

12. 其他建筑、场所防火

根据消防技术标准规范，运用相关消防技术，辨识其他建筑、场所的火灾特点，分析、判断其他建筑、场所的火灾危险性，组织研究和制定相应的火灾防控措施，解决相关的消防安全技术问题。

（五）消防安全评估

1. 火灾风险识别

根据消防技术标准规范，运用相关消防技术，辨识火灾危险源，分析火灾风险，判断火灾预防措施的合理性和有效性，组织制定火灾危险源的管控措施

2. 火灾风险评估方法

根据消防技术标准规范，运用相关消防技术，辨识、分析区域和建筑的火灾风险，判断火灾风险评估基本流程、评估方法以及基本手段的合理性；运用事件树分析等方法进行火灾风险分析，组织研究、策划、制定对区域和建筑进行火灾风险评估的技术方案。

建筑性能化防火设计评估运用相关消防技术，辨识和分析建筑火灾危险性，确定建筑消防安全目标，设定火灾场景，分析火灾烟气流动和人员疏散特性以及建筑结构耐火性能，判断火灾烟气及人员疏散模拟计算和建筑耐火性能分析计算手段的合理性，组织研究和确定建筑性能化防火设计的安全性。

科目二：《消防安全技术综合能力》

一、考试目的

考查消防专业技术人员在消防安全技术工作中，掌握消防技术前沿发展动态，依据现行消防法律法规及相关规定，运用相关消防技术和标准规范，独立解决重大、复杂、疑难消防安全技术问题的综合能力。

二、考试内容及要求

（一）消防法及相关法律法规与注册消防工程师职业道德

1. 消防法及相关法律法规

根据《消防法》《行政处罚法》和《刑法》等法律以及《机关、团体、企业、事业单位消防安全管理规定》和《社会消防技术服务管理规定》等行政规章的有关规定，分析、判断建设工程活动和消防产品使用以及其他消防安全管理过程中存在的消防违法行为及其相应的法律责任。

2. 注册消防工程师执业

根据《消防法》《社会消防技术服务管理规定》和《注册消防工程师制度暂行规定》，

> 附 录

确认注册消防工程师执业活动的合法性和注册消防工程师履行义务的情况，确认规范注册消防工程师执业行为和职业道德修养的基本原则和方法，分析、判断注册消防工程师执业行为的法律责任。

（二）建筑防火检查

1. 总平面布局与平面布置检查

根据消防技术标准规范，运用相关消防技术，确认总平面布局与平面布置检查的内容和方法，辨识和分析总平面布局和平面布置、建筑耐火等级、消防车道和消防车作业场地及其他灭火救援设施等方面存在的不安全因素，组织研究解决消防安全技术问题。

2. 防火防烟分区检查

根据消防技术标准规范，运用相关消防技术，确定防火防烟分区检查的主要内容和方法，辨识和分析防火分区与防烟分区划分、防火分隔设施设置等方面存在的不安全因素，组织研究解决防火防烟分区的消防安全技术问题。

3. 安全疏散设施检查

根据消防技术标准规范，运用相关消防技术，确定安全疏散设施检查的主要内容和方法，辨识和分析消防安全疏散设施方面存在的不安全因素，组织研究解决建筑中安全疏散的消防技术问题。

4. 易燃易爆场所防爆检查

根据消防技术标准规范，运用相关消防技术，确定易燃易爆场所防火防爆检查的主要内容和方法，辨识、分析易燃易爆场所存在的火灾爆炸等不安全因素，组织研究解决易燃易爆场所防火防爆的技术问题。

5. 建筑装修和建筑外墙保温检查

根据消防技术标准规范，运用相关消防技术，确定建筑装修和建筑外墙保温系统检查的主要内容和方法，辨识建筑内部装修和外墙保温材料的燃烧性能，分析建筑装修和外墙保温系统的不安全因素，组织研究解决建筑装修和建筑外墙保温系统的消防安全技术问题。

（三）消防设施检测与维护管理

1. 通用要求

根据消防技术标准规范，运用相关消防技术，组织制定消防设施检查、检测与维护保养的实施方案，确认消防设施检查、检测与维护保养的技术要求，辨识消防控制室技术条件、维护管理措施和应急处置程序的正确性。

2. 消防给水设施

根据消防技术标准规范，运用相关消防技术，组织制定消防给水设施检查、检测与维护保养的实施方案，确认设施检查、检测与维护保养的技术要求，辨识和分析消防给水设施运行过程中出现故障的原因，指导相关从业人员正确检查、检测与维护保养消防给水设施，解决消防给水设施的技术问题。

3. 消火栓系统

根据消防技术标准规范，运用相关消防技术，组织制定消火栓系统检查、检测与维护保养的实施方案，确认系统检查、检测与维护保养的技术要求，辨识和分析系统运行过程中出现故障的原因，指导相关从业人员正确检查、检测与维护保养消火栓系统，解决该系统的技术问题。

4. 自动水灭火系统

根据消防技术标准规范，运用相关消防技术，组织制定自动喷水灭火系统、水喷雾灭火系统、细水雾灭火系统及其组件检测、验收的实施方案，确认系统检查、检测与维护保养的技术要求，辨识和分析系统出现故障的原因，指导相关从业人员正确检查、检测与维护保养自动水灭火系统，解决该系统技术问题。

5. 气体灭火系统

根据消防技术标准规范，运用相关消防技术，组织制定气体灭火系统检查、检测与维护保养的实施方案，确认系统检查、检测与维护保养的技术要求，辨识和分析系统运行过程中出现故障的原因，指导相关从业人员正确检查、检测与维护保养气体灭火系统，解决该系统技术问题。

6. 泡沫灭火系统

根据消防技术标准规范，运用相关消防技术，组织制定泡沫灭火系统检查、检测与维护保养的实施方案，确认系统检查、检测与维护保养的技术要求，辨识和分析系统出现故障的原因，指导相关从业人员正确检查、检测与维护保养泡沫灭火系统，解决该系统的消防技术问题。

7. 干粉灭火系统

根据消防技术标准规范，运用相关消防技术，组织制定干粉灭火系统检查、检测与维护保养的实施方案，确认系统检查、检测与维护保养的技术要求，辨识和分析系统出现故障的原因，指导相关从业人员正确检查、检测与维护保养干粉灭火系统，解决该系统消防技术问题。

8. 建筑灭火器配置与维护管理

根据消防技术标准规范，运用相关消防技术，确认各种建筑灭火器安装配置、检查和维修的技术要求，辨识和分析建筑灭火器安装配置、检查和维修过程中常见的问题，指导相关从业人员正确安装配置、检查和维修灭火器，解决相关的技术问题。

9. 防烟排烟系统

根据消防技术标准规范，运用相关消防技术，组织制定防烟排烟系统检查、检测与维护保养的实施方案，确认系统检查、检测与维护保养的技术要求，辨识和分析系统运行过程中出现故障的原因，指导相关从业人员正确检查、检测与维护保养防烟排烟系统，解决该系统消防技术问题。

10. 消防用电设备的供配电与电气防火防爆

根据消防技术标准规范，运用相关消防技术，组织制定消防供配电系统和电气防火防爆检查的实施方案，确定电气防火技术措施，辨识和分析常见的电气消防安全隐患，解决电气防火防爆方面的消防技术问题。

11. 消防应急照明和疏散指示标志

根据消防技术标准规范，运用相关消防技术，组织制定消防应急照明和疏散指示标志检查、检测与维护保养的实施方案，确认系统及各组件检查、检测与维护保养的技术要求，辨识和分析系统运行出现故障的原因，指导相关从业人员正确检查、检测与维护保养消防应急照明和疏散指示标志，解决消防应急照明和疏散指示标志的技术问题。

12. 火灾自动报警系统

根据消防技术标准规范，运用相关消防技术，组织制定火灾自动报警系统检查、检测与维护保养的实施方案，确认火灾探测报警系统、消防联动控制系统、可燃气体探测报警系统、电气火灾监控系统检查、检测与维护保养的技术要求，辨识和分析系统出现故障的原因，指导相关从业人员正确检查、检测与维护保养火灾自动报警系统，解决该系统的消防技术问题。

13. 城市消防安全远程监控系统

根据消防技术标准规范，运用相关消防技术，组织制定城市消防安全远程监控系统检查、检测与维护保养的实施方案，确认系统及各组件检测与维护管理的技术要求，辨识和分析系统出现的故障及原因，指导相关从业人员正确检测、验收与维护保养城市消防安全远程监控系统，解决该系统的消防技术问题。

（四）消防安全评估方法与技术

1. 区域火灾风险评估

根据有关规定和标准，运用区域消防安全评估技术与方法，辨识和分析影响区域消防安全的因素，确认区域火灾风险等级，组织制定控制区域火灾风险的策略。

2. 建筑火灾风险评估

根据有关规定和相关消防技术标准规范，运用建筑消防安全评估技术与方法，辨识和分析影响建筑消防安全的因素，确认建筑火灾风险等级，组织制定控制建筑火灾风险的策略。

3. 建筑性能化防火设计评估

根据有关规定，运用性能化防火设计技术，确认性能化防火设计的适用范围和基本程序步骤，设定消防安全目标，确定火灾荷载，设计火灾场景，合理选用计算模拟软件，评估计算结果，确定建筑防火设计方案。

（五）消防安全管理

1. 社会单位消防安全管理

根据消防法律法规和有关规定，组织制定单位消防安全管理的原则、目标和要求，检查和分析单位依法履行消防安全职责的情况，辨识单位消防安全管理存在的薄弱环节，判断单位消防安全管理制度的完整性和适用性，解决单位消防安全管理问题。

2. 单位消防安全宣传教育培训

根据消防法律法规和有关规定，确认消防宣传与教育培训的主要内容，制定消防宣传与教育培训的方案，分析单位消防宣传与教育培训制度建设与落实情况，评估消防宣传教育培训效果，解决消防宣传教育培训方面的问题。

3. 消防应急预案制定与演练方案

根据消防法律法规和有关规定，确认应急预案制定的方法、程序与内容，分析单位消防应急预案的完整性和适用性，确认消防演练的方案，指导开展消防演练，评估演练的效果，发现、解决预案制定和演练方面的问题。

4. 建设工程施工现场消防安全管理

根据消防法律法规和有关规定，运用相关消防技术和标准规范，确认施工现场消防管理内容与要求，辨识和分析施工现场消防安全隐患，解决施工现场消防安全管理问题。

5. 大型群众性活动消防安全管理

根据消防法律法规和有关规定，辨识和分析大型群众性活动的主要特点和火灾风险因素，组织制定消防安全方案，解决消防安全技术问题。

科目三：《消防安全案例分析》

一、考试目的

考查消防专业技术人员根据消防法律法规和消防技术标准规范，运用《消防安全技术实务》和《消防安全技术综合能力》科目涉及的理论知识和专业技术，在实际应用时体现的综合分析能力和实际执业能力。

二、考试内容及要求

本科目考试内容和要求参照《消防安全技术实务》和《消防安全技术综合能力》两个科目的考试大纲，考试试题的模式参见考试样题。